NOTE

SUR

LES VERRES DES VITRAUX

ANCIENS.

5012 B. — PARIS, IMPRIMERIE GAUTHIER-VILLARS ET FILS,
55, Quai des Grands-Augustins, 55.

NOTE

SUR

LES VERRES DES VITRAUX

ANCIENS,

Par M. Léon APPERT,

INGÉNIEUR.

PARIS,

GAUTHIER-VILLARS ET FILS, IMPRIMEURS-LIBRAIRES

DU BUREAU DES LONGITUDES, DE L'ÉCOLE POLYTECHNIQUE,

55, Quai des Grands-Augustins.

1896

AVANT-PROPOS.

Les vitraux destinés à clore les baies des monuments religieux sous forme de verrières translucides, composées de morceaux de verres juxtaposés et assemblés entre eux, véritables images lumineuses merveilleusement appropriées à la pratique du culte et à ses besoins, ont eu le privilège d'exciter de tout temps la curiosité publique.

Aux premières époques du christianisme, ils servaient à rappeler d'une façon naïve, mais toujours saisissante, les scènes de l'Évangile ou la vie des saints dont les fidèles avaient à invoquer l'assistance; plus tard, ils furent admirés comme des objets de luxueuse décoration que les difficultés rencontrées pour les reproduire rendaient plus intéressants et plus précieux.

De nombreuses brochures et monographies ont été publiées à leur sujet; dans aucune d'elles, il ne paraît avoir été fait, à notre connaissance, d'étude spéciale des verres colorés ou non, qui en sont l'élément principal; nous avons pensé que, ayant été mis à même d'examiner un grand nombre de ces vitraux, d'origine et d'époque les plus diverses, à la restauration desquels il nous était demandé de concourir, nous pourrions, sans rééditer ce qui avait été dit déjà à leur sujet, faire connaître les observations que nous avions faites nous-même, sur ces verres, au point de vue peu connu, croyons-nous, de leur composition chimique, de leur coloration et de la façon dont ils avaient été fabriqués et mis en œuvre.

Cette étude nous a été facilitée par les artistes et les peintres verriers s'occupant de cette branche spéciale de la décoration architecturale, qui ont bien voulu nous prêter leur concours et qui, ne se contentant pas de nous fournir les échantillons les plus variés des verres dont ils demandaient souvent la reproduction, nous signalaient en même temps, pour chacun d'eux, les particularités qu'ils croyaient susceptibles de nous intéresser.

Parmi eux, nous rappellerons M. Louis Steinheil, l'artiste de talent bien connu, mort il y a quelques années.

M. Louis Steinheil, qui s'était adonné d'une façon toute spéciale à la décoration des monuments religieux et, en particulier, à l'étude des vitraux anciens, a rendu à l'art de la Peinture sur verre des services que les personnes que cette étude intéresse ne sauraient oublier.

M. Louis Steinheil nous a aidé, dans le cours de cette étude, de ses judicieux avis et de ses conseils éclairés; nous sommes heureux de pouvoir le rappeler ici.

M. Leprevost, habile peintre verrier lui-même et collaborateur de M. Louis Steinheil, nous a fourni de nombreux spécimens de verres anciens de toutes les époques, en les accompagnant de remarques nouvelles et d'un caractère souvent imprévu.

Pour la clarté des explications que nous avions à donner, nous avons pensé qu'il était indispensable de faire un historique succinct de la fabrication du verre et de son emploi pour la décoration des monuments civils ou religieux, sous ses diverses formes, soit qu'il ait été utilisé, à cet effet, en mosaïque murale ou en vitraux translucides. Nous l'avons fait également pour l'art de la Peinture sur verre, cet historique étant nécessaire pour suivre les transformations successives qu'a subies le vitrail.

NOTE

SUR

LES VERRES DES VITRAUX

ANCIENS.

I. — HISTORIQUE.

La France est sans contredit le pays de l'Europe où la décoration des édifices religieux au moyen de vitraux formés de verres colorés a été le plus employée dès les époques les plus lointaines de son histoire, et, quoiqu'un grand nombre de ces vitraux aient été détruits au cours des révolutions de toute nature dont elle a été le théâtre, c'est encore chez elle qu'on retrouve les spécimens les plus nombreux et les plus complets de l'art de la Peinture sur verre.

Des artistes de grand talent ont été chargés depuis quelques années d'opérer d'importantes restaurations dans un grand nombre de basiliques et d'églises autrefois garnies de vitraux; grâce aux études qu'ils en ont faites, il leur a été possible de reconstituer dans leur forme primitive ces spécimens si bien appropriés aux édifices qu'ils étaient chargés de clore et d'embellir en même temps.

La nécessité de restaurer un grand nombre de verrières anciennes s'était fait sentir depuis longtemps, et il y avait été procédé à diverses époques pour quelques-unes d'entre elles, mais l'inexpérience de ceux auxquels étaient confiées ces restaurations les leur avait fait exécuter d'une façon si défectueuse qu'il est toujours difficile et quelquefois impossible d'en opérer la reconstitution.

L'impossibilité où l'on était, d'autre part, de se procurer à cette époque, les verres nécessaires pour remplacer les pièces disparues, faisait que, sans aucun souci ni du dessin ni du sujet, on recomposait un vitrail nouveau avec les débris du vitrail voisin, encore plus détérioré, auquel on empruntait les morceaux de verre, peints ou non, dont la teinte semblait se rapprocher de celle du morceau manquant.

Cette façon de procéder ne pouvait donner, on le comprend, que des résultats défectueux comme effet d'ensemble et, comme sujet, rendait le vitrail souvent inintelligible.

Dans les édifices religieux des XIIe et XIIIe siècles, ce sont principalement les vitraux légendaires placés dans les bas côtés de la nef qui ont eu le plus à souffrir de cette manière de procéder, par suite de l'intercalation de personnages entiers venant parfois couper les médaillons formant partie de la légende.

Quelquefois, on simplifiait encore ce semblant de restauration en supprimant totalement les verres de couleur qu'on mettait au rebut et qu'on remplaçait par du verre blanc mis en plomb; on y ajoutait souvent une bordure faite des verres empruntés au vitrail préexistant.

Presque toujours, le vitrier qui avait opéré ce remplacement laissait, comme à dessein, dans un point quelconque du vitrail, un ou plusieurs morceaux de verres colorés, presque toujours peints, faisant partie de l'ancien vitrail et posés comme témoins destinés à rappeler le vitrail primitif.

Il est peu de personnes qui n'aient eu occasion de remarquer ce fait assez fréquent dans des églises de campagne qui avaient été autrefois décorées à l'aide de vitraux colorés.

Levieil, l'un des derniers peintres verriers du XVIIIe siècle, nous dit du reste que lui-même avait remplacé dans plusieurs églises des vitraux du XIIe siècle, dont les deux derniers en 1741, à l'*Église de Paris,* par des vitraux en verre blanc; il prend occasion de l'obligation dans laquelle il s'est trouvé de le faire, pour déplorer l'impossibilité de se procurer du verre rouge dont les vitraux du XIIe siècle étaient abondamment garnis, ce qui, seul à ses yeux, justifiait l'opinion généralement admise au sujet des secrets de la Peinture sur verre, regardés comme perdus.

Nous rappellerons brièvement quelles sont les origines les plus probables de la découverte des propriétés du verre et de sa fabrication.

Il est généralement admis que c'est en Égypte que la fabrication du verre a pris naissance ou que, tout au moins, elle y a pris un développement important; on y retrouve à chaque pas les traces d'une civilisation des plus avancées dont les découvertes modernes n'ont fait que confirmer l'ancienneté.

La métallurgie de certains métaux facilement fusibles, tels que le cuivre, l'étain, le plomb, y était connue; les statuettes en bronze de l'époque des Pyramides, dont la fabrication est estimée devoir remonter à 3600 ans avant Jésus-Christ, en sont une preuve indiscutable; or il ne semble pas douteux que l'art de la Verrerie ne fût intimement lié à celui de la métallurgie de ces métaux et que la production de verres ne fût elle-même la conséquence de leur extraction.

L'application des températures élevées nécessaires pour opérer leur réduction et leur fusion, la présence des matières siliceuses indispensables pour la réussite de ces opérations devaient amener, en même temps que la formation d'un métal, celle de silicates multiples, plus ou moins fluides, qui n'étaient autres que des verres imparfaits, le plus souvent colorés, dont on devait rapidement reconnaître et utiliser les propriétés particulières.

On trouve dans les tombeaux égyptiens de la IVe dynastie de nombreux objets en verre coloré pour la plupart, qui pourraient faire penser que la découverte de la coloration du verre avait pu être faite simultanément et peut-être même avant celle du verre non coloré.

Les Égyptiens employaient le verre pour imiter les pierres précieuses, pour faire des objets de parure, des perles, des pendants d'oreille, etc. Ils s'en servaient aussi pour la décoration architecturale des palais, des temples et des tombeaux, en mosaïques murales et comme pavement.

Ce mode de décoration, pratiqué plus tard en Orient, fut transmis aux Grecs et aux Romains chez lesquels il fut employé à profusion à certaines époques. La plupart des maisons rendues au jour par les fouilles faites à Pompéi et à Herculanum sont garnies d'ornements en verre. On en augmenta la richesse de décoration en formant des dessins par la juxtaposition de verres de couleur de teintes variées, assemblés suivant des contours dessinés d'avance.

Ce genre d'ornementation, très usité, était devenu général et il en restait encore des spécimens, au VIIIe siècle, en Italie et dans les Gaules. Les voûtes de l'église de Sainte-Sophie, à Constantinople, terminée en 560, en étaient complètement couvertes.

Dans les nombreuses églises construites sous Charlemagne, ce mode de décoration avait été adopté pour le revêtement des murailles.

Il existait dans le Forum de Naples un portrait du roi des Goths, Théodoric, et, à l'église de Ravenne, un Baptême de Jésus-Christ faits en mosaïques de verre.

A Reims, se trouvait une très importante mosaïque figurant les douze signes du zodiaque, les saisons de l'année et le sacrifice d'Abraham.

On est amené à penser que l'invention des vitraux translucides n'a été qu'une conséquence de l'emploi fait en grande quantité des verres colorés nécessaires pour la confection des mosaïques, et l'on peut s'expliquer que l'emploi du verre pour cet usage n'a pas été fait plus tôt, par cette considération que la nécessité de clore les fenêtres par des vitres ne se faisait pas sentir dans les pays où avait été pratiquée primitivement la décoration en mosaïque de verre.

La similitude que l'on constate entre les mosaïques et les vitraux anciens, tant au point de vue des dessins qui y sont reproduits qu'au point de vue des verres eux-mêmes, est frappante : la plupart de ceux-ci eussent été susceptibles d'être utilisés aussi bien pour faire des vitraux que pour faire des mosaïques; une partie de ces verres sont, en effet, transparents; d'autres, opaques par réflexion, permettaient néanmoins de laisser passer les rayons lumineux par réfraction, certains corps opacifiants utilisés encore à l'époque actuelle donnent au verre cette propriété; un petit nombre seulement d'entre eux étaient complètement opaques.

Nous verrons par la suite que la composition des verres de vitraux était à peu près la même que celle des verres de mosaïque et éminemment propre, en général, à les faire résister aux altérations auxquelles leur usage devait les exposer.

Il est maintenant avéré que le verre a été employé, si ce n'est par les Grecs, tout au moins par les Romains, pour clore les fenêtres des habitations.

On a trouvé, en effet, à Pompéi, détruite en l'an 79 de notre ère, une fenêtre garnie d'un vitrage dont la superficie était de $0^{mq},40$, dimension relativement considérable. Ces vitres, produites par coulage dans un moule métallique, sans doute, avaient de 5^{mm} à 6^{mm} d'épaisseur et étaient teintées en jaune verdâtre peu intense.

Il n'a pas été trouvé de verres de vitrage d'une époque antérieure, et ce n'est que plusieurs siècles plus tard qu'on semble en avoir adopté l'usage.

Les premiers vitraux, très analogues aux mosaïques de verres, ne présentaient de différence avec elles qu'en ce que l'épaisseur des verres était moindre.

Tous les verres des XIe et XIIe siècles avaient de 3^{mm} à 4^{mm} d'épaisseur, ceux des mosaïques anciennes n'avaient pas plus de 7^{mm}.

Les verres des mosaïques de Sainte-Sophie, à Constantinople, sont dans ce cas.

Quand on eut l'idée de les employer en décoration translucide, ces morceaux de verre furent enchâssés isolément dans des vides laissés dans les fenêtres par des meneaux en pierre ou en plâtre, comme cela se pratique encore dans les constructions de l'architecture arabe; plus tard, on les mit dans des châssis de bois évidés et ornés, ainsi que le décrit Grégoire de Tours, mais ce n'est que bien postérieurement qu'on les réunit les uns à côté des autres, en les maintenant par des attaches en fer ou en plomb.

D'après les documents qui nous restent, il y a lieu de penser que les verres employés alors étaient généralement des verres colorés, presque aussi faciles à produire que les verres non colorés.

A partir du IVe siècle, les écrivains ecclésiastiques : Lactance (325), Chrysostome (407), Prudence (410), Jérôme (420), parlent avec admiration de l'effet merveilleux produit par les verrières placées aux fenêtres des églises.

Aux Ve et VIe siècles, Grégoire de Tours (593) les compare à *des pierres précieuses qui seraient enchâssées les unes à côté des autres, de façon à produire des dessins déterminés.*

Fortuna, évêque de Poitiers (609), dans ses poésies, vante l'éclat des verrières colorées; il admire l'effet que produit sur les murs et les voûtes de Notre-Dame de Paris, construite par Childebert, la lumière décomposée par les vitraux aux premières approches de l'aurore.

Comme on le voit, ce mode de décoration si remarquable avait dû être très employé dans les Gaules; il serait même permis de supposer qu'il y avait été inventé et que, plus tard, il se serait répandu dans les contrées voisines.

PROCÉDÉS PRIMITIFS DE FABRICATION DES VERRES DE VITRAUX.

Pour obtenir les verres plans qui servaient à la confection des vitraux, le procédé employé très probablement le premier a été celui des *plateaux,* désignés aussi sous le nom de *cives* quand ils sont de petite dimension ; le procédé consiste, comme on le sait, à opérer à chaud, par un mouvement rapide de rotation, le développement d'une sphère creuse de verre percée en un point, et amenée à l'état de malléabilité voulu.

Les cives, qui n'avaient que 10^{cm} à 12^{cm} de diamètre généralement, étaient employées également, mais sans être découpées, pour clore les fenêtres des habitations somptueuses.

Vasari dit, en effet, que, *dans l'origine, le verre employé pour garnir les fenêtres se présentait sous forme d'yeux colorés assemblés dans des châssis de plomb.*

Il s'agit là évidemment de cives toujours plus épaisses et, par suite, de coloration plus intense au centre qu'aux bords et produisant, étant éclairées par derrière, l'effet de lentilles.

Les plateaux fabriqués en vue de la confection des vitraux étaient de plus grande dimension ; leur diamètre allait jusqu'à 60^{cm} et même 90^{cm} ; on y découpait, avec un fer préalablement rougi au feu, l'emploi du diamant n'étant pas encore connu, et suivant les contours tracés d'après le dessin du vitrail, les morceaux nécessaires à sa confection.

Pour obtenir sur les verres ainsi découpés les dessins destinés à reproduire les images que cette opération ne suffisait pas à donner, pour faire en un mot le *trait,* on employait des couleurs dites de *grisaille.*

Ces grisailles, composées d'oxydes métalliques destinés à donner au trait la couleur et l'opacité voulues, étaient additionnées de matières fusibles permettant de les faire adhérer au verre sur lequel elles étaient appliquées; elles acquéraient alors, par une cuisson au moufle, une inaltérabilité analogue à celle du verre même.

Suivant les époques, ces couleurs de grisaille variaient de teinte et de composition, la façon de les employer était également différente, chaque peintre verrier qui les fabriquait lui-même gardant soigneusement le secret de ses procédés. Ces grisailles étaient généralement composées d'oxyde de cuivre et d'oxyde de fer, soit à l'état d'oxyde de fer intermédiaire (Fe^3O^4), provenant des battitures obtenues en travaillant le fer à la forge, soit de sesquioxyde de fer (Fe^2O^3) à l'état naturel, ou obtenu artificiellement par la calcination de sels de fer tels que les sulfates de protoxyde de fer ou *couperoses;* ces oxydes, mêlés à un fondant approprié et broyés d'une façon parfaite, étaient humectés avec du vinaigre, de l'urine ou du sucre dissous, puis appliqués au pinceau sur le verre et cuits à la température du rouge sombre, température reconnue suffisante pour les y faire adhérer. Les couleurs de grisaille des vitraux anciens possédaient des qualités remarquables ; à l'époque actuelle, on ne les imite que difficilement : elles sont généralement d'une teinte chaude, due au soin avec lequel les oxydes de fer ont été calcinés, et d'une demi-transparence produite par leur finesse qu'on obtenait grâce à un broyage prolongé et complet.

Le véhicule dont on se servait pour les employer avait son importance, car il donnait des traits et des demi-teintes d'une solidité telle, même avant la cuisson, qu'au bout de très peu de temps on pouvait les recouvrir d'une seconde teinte formant le modelé sans que celle qui avait été posée précédemment en fût altérée [1].

---

(1) Nous avons trouvé, sur certains verres du XIIIe siècle, des traits en grisaille qui n'avaient pas été cuits et qui, néanmoins, posés dans des endroits peu exposés sans doute, étaient restés intacts.

Plus tard, au XVIe siècle, dans les grandes figures modelées pour lesquelles on avait cessé d'employer le trait, on appliquait ces grisailles avec de l'eau, ce qui exigeait une sûreté de main que quelques artistes de cette époque possédaient à un haut degré.

Quoiqu'il soit bien établi qu'il existât des vitraux de couleur avant le XIe siècle, il ne reste en France aucun vestige qui nous permette de contrôler les renseignements trouvés dans les Chroniques contemporaines. Cependant, l'une d'elles rapporte que, au IXe siècle, du temps de Charles le Chauve, il existait deux artistes, Ragenet et Belderre, jouissant d'une grande autorité dans l'art de la Peinture sur verre ; ils ont été regardés par certains archéologues comme les chefs de race des peintres verriers français. Il n'est fait aucune mention des œuvres qu'ils ont produites.

La Chronique de Sainte-Bénigne, de Dijon, datant de 1052, dit qu'il existait dans cette église un très ancien vitrail représentant sainte Paschasie, que l'on disait provenir de l'église primitive et, par conséquent, d'une époque de beaucoup antérieure. Cette église avait été réparée en 816, puis en 1001 ou 1002.

On rapporte, dans le *Cantatorium* de saint Hubert, qu'un homme très habile dans son art, nommé Roger, vint de Reims, de 1060 à 1070, pour exécuter les verrières destinées à une église des Ardennes.

L'abbaye de Tergensée, en Bavière, possède des vitraux qui lui furent donnés en 999 par un comte Arnold. On y voit également cinq fenêtres peintes par le moine Wernher, de 1068 à 1091. On suppose que, à Heldesheim, en Hanovre, les verrières qui s'y trouvent ont été peintes de 1029 à 1039, par un nommé Buno.

Les plus anciens vitraux qu'on trouve en France sont du XIIe siècle ; à cette époque, la fabrication s'était développée dans des proportions relativement considérables, et, quoique le plus grand nombre en ait disparu, les spécimens qui nous restent sont assez nombreux pour que nous puissions les juger et les apprécier.

Jusqu'à la fin du XIVe siècle, les vitraux n'étaient ni signés ni datés, et ce n'est que par une étude attentive et en compulsant les manuscrits relatant les circonstances dans lesquelles les monuments qu'ils décorent ont été édifiés, qu'on a pu fixer la date de leur exécution; par l'inspection des vitraux eux-mêmes, on a pu déterminer également l'époque à laquelle ils appartenaient; la nature des verres, leur coloration et leurs dimensions, le dessin des personnages et leur costume, enfin la forme des lettres composant les inscriptions légendaires qui y sont tracées sont autant d'indices qui permettent de déterminer leur âge d'une façon très approximative.

L'étude des procédés employés pour dessiner les personnages et les ornements vient aider encore à nous fixer à cet égard; elle permet, en outre, de suivre les progrès réalisés à chaque époque, progrès qui n'étaient qu'une conséquence de ceux faits dans la Peinture à l'huile; la Peinture sur verre tendait, en effet, à s'en rapprocher progressivement.

Jusqu'à la fin du XIIe siècle, le dessin des têtes et des mains, les contours et les plis des vêtements étaient exécutés de la façon la plus simple et, pourrait-on dire, la plus naïve, en même temps la plus propre à caractériser le personnage qu'on voulait reproduire : un simple trait en grisaille posé sur du verre coloré suffisait à l'artiste qui savait tenir compte avec beaucoup de sagacité de la distance à laquelle le vitrail devait être vu.

Suivant qu'il était plus ou moins éloigné, le trait était plus ou moins large; nous avons vu dans un vitrail du XIIIe siècle, placé dans une fenêtre haute de la nef, des traits ayant plus d'un centimètre de largeur.

Plus tard, pour donner plus de relief aux parties éclairées, on produisit des ombres en faisant une série de traits parallèles ou entrecroisés, ayant pour but de diminuer la transparence du verre, sans la supprimer.

Vers la fin du XIIe et le commencement du XIIIe siècle se manifesta la tendance à modeler les figures; à cet effet, on appliquait une couche très légère de fondant coloré sur une partie du verre et, sur cette couche uniforme, on posait après coup le trait en grisaille; le tout était cuit ensuite à un seul feu.

Les médaillons de la Sainte-Chapelle, à Paris, qui a été terminée vers 1246, ont été décorés et peints dans ces conditions. Il en est de même des verrières du XIIIe siècle qu'on rencontre au Mans, à Auxerre, à Amiens.

Cette manière de procéder a été pratiquée jusqu'à la fin du XIVe siècle.

Par contre, le trait si rigoureux employé exclusivement aux XIIe et XIIIe siècles diminue d'importance et d'effet; il a même complètement disparu au XVIe siècle.

A cette époque, le verre sur lequel se peignent les chairs n'est plus qu'un verre incolore teinté inégalement par la grisaille que l'artiste y a appliquée.

Quoique d'une valeur artistique plus grande, le dessin des vitraux du XVIe siècle est généralement moins satisfaisant, vu à distance, que celui des vitraux des époques précédentes; il est souvent mou et indécis, et le spectateur se trouve dans l'impossibilité d'en découvrir les finesses.

On a pu hésiter quelquefois à fixer l'époque à laquelle les vitraux appartenaient, par suite des modifications qu'on leur a fait subir d'une façon manifeste; on trouve, en effet, des vitraux dans lesquels les figures sont du XIIe siècle et l'entourage du XIIIe siècle; d'autres où les verres d'un vitrail du XIIIe siècle ont été retaillés et dont la mise en plomb est du XVIe.

L'explication peut en être donnée, souvent, par le changement d'emplacement qu'on leur avait fait subir; ce qui arrivait quelquefois quand, par exemple, agrandissant l'église, on y adjoignait des chapelles de chaque côté de la nef.

Aux XIIe et XIIIe siècles, les vitraux étaient considérés comme de grande valeur vénale, et nous verrons par la suite que leur prix devait être, en effet, assez élevé; aussi les conservait-on précieusement, en ménageant les parties peintes et en n'en modifiant que l'entourage quand il fallait les adapter à des emplacements nouveaux.

Pour la même raison, les vitraux étant regardés comme des objets de luxe, leur introduction dans les monastères dont la règle obligeait à faire vœu de pauvreté était interdite; nous voyons, en effet, dans un Capitulaire de l'ordre de Citeaux que, *vu le prix élevé auquel s'élevait l'acquisition des vitraux peints, on en défend l'usage dans les églises soumises à la règle de saint Bernard.*

Tous les monastères obéissant à la règle de l'ordre de Citeaux, et l'on sait combien ils furent nombreux à une certaine époque, étaient pourvus de vitraux formés par l'assemblage de verres non colorés; ces vitraux portaient le nom de vitraux *cisterciens.*

Les vitraux du XIIe siècle que nous pouvons citer comme les plus remarquables sont ceux de l'abbaye de Saint-Denis, dont l'exécution fut ordonnée par l'abbé Suger qui s'y est fait représenter lui-même.

D'après Levieil, les verres de ces vitraux avaient été fournis par des Allemands et l'exécution même en avait été faite par des Anglais, dont l'abbé Suger aurait eu beaucoup de peine à opérer le recrutement.

On peut citer également les vitraux de la Cathédrale d'Angers, datant de 1125 à 1130, ceux des trois fenêtres placées au-dessus de la façade ouest, dans la Cathédrale de Chartres; parmi eux, celui qui représente l'arbre de Jessé est peut-être le plus beau spécimen connu des vitraux de cette époque, au point de vue de la coloration des verres.

Il en existe encore du XIIe siècle à Poitiers, à Bourges, à Châlons-sur-Marne, au Mans, à Strasbourg.

Ils sont généralement de la plus grande beauté comme disposition, harmonie des couleurs et composition; ils présentent de grandes analogies entre eux, ce qui s'explique par le petit nombre d'endroits où on les produisait. C'était, en effet, dans les cloîtres, où s'étaient concentrés tous les éléments doués de l'activité intellectuelle la plus développée comme sciences et comme arts, que de véritables corporations religieuses s'étaient adonnées à cette fabrication, et, grâce aux traditions qui en avaient été conservées et aux soins donnés à leur confection, sans autre souci que celui de leur perfection même, il leur avait été possible de produire des œuvres aussi remarquables par l'élévation du sentiment religieux qui y domine que par leur exécution irréprochable.

En examinant les panneaux d'un vitrail de cette époque, on est surpris de voir avec quel soin en sont traités les moindres détails; on sent que les artisans qui l'ont exécuté ne se sont nullement préoccupés du temps plus ou moins prolongé qu'ils devaient y mettre pour le parfaire, et que les sommes dépensées pour y arriver étaient sans importance à leurs yeux.

On regarde les vitraux du XIIe siècle comme étant de beaucoup supérieurs, au point de vue de l'exécution d'ensemble, à ceux des époques suivantes, et le bon état de conservation relatif dans lequel on les trouve, eu égard au temps prolongé depuis lequel ils sont en place, ne peut que confirmer cette opinion en ce qui concerne la qualité des verres.

Ils se distinguent des vitraux du XIIIe siècle par les formes archaïques des personnages ainsi que par les costumes rappelant, pour beaucoup d'entre eux, l'époque romaine.

Nous parlerons ultérieurement des teintes des verres, différentes à ces deux époques.

VITRAUX DU XIIIe SIÈCLE.

C'est au XIIIe siècle qu'ont été produits les spécimens les plus nombreux de l'art de la Peinture sur verre, par suite du développement sur une plus grande échelle de la fabrication des vitraux.

L'élan religieux était général dans toute la France et l'ère de tranquillité et de prospérité qui s'était ouverte avec le commencement du siècle avait contribué au progrès de l'art sous toutes ses formes.

Le nombre des églises construites pendant la durée du XIIIe siècle est considérable, ce dont nous ne pouvons qu'imparfaitement juger, car il n'en subsiste que bien peu. D'après Levieil, *il existait encore, en 1754, dans le seul diocèse de Paris, quarante églises, monastères ou paroisses, même de village, où il restait des vitres de cette époque, sans comprendre celles où l'on avait remplacé les vitres peintes par des vitres blanches.*

A la fin du XIIIe siècle, dans l'île de la Cité, à Paris, dont l'étendue est cependant bien faible, il y avait *dix-huit* églises, toutes garnies de verrières formées de verres colorés. Cette décoration, de la plus grande beauté, s'harmonisait parfaitement avec le luxe intérieur de l'église elle-même dont les murailles étaient couvertes d'ornementations polychromes sur toute leur étendue, et les autels garnis d'objets de grand prix; à Notre-Dame de Paris, des reliquaires en or massif de la plus grande richesse se présentaient à l'adoration des fidèles; à l'entrée, se trouvait même la statue de Philippe-Auguste à cheval.

L'aspect sous lequel se présentent à nous les églises à l'époque actuelle ne peut donner, paraît-il, aucune idée de ce qu'elles étaient à cette époque.

Les fenêtres étaient généralement de très grandes dimensions, aussi la quantité de verres qu'on avait dû fabriquer pour les garnir avait-elle dû être relativement importante.

A cette époque, le nombre des localités où se fabriquaient les vitraux s'était de beaucoup augmenté. Exclusivement monastique d'abord, cette fabrication était devenue en partie laïque, elle perdait du même coup de son unité et de sa perfection.

Une des premières conséquences de l'augmentation des endroits où se fabriquaient les vitraux avait été d'amener beaucoup de variations dans les teintes des verres colorés, dont le nombre s'en était accru singulièrement; les variétés de tons d'une même couleur étaient en même temps devenues plus grandes.

A cette époque, les vitraux sont d'une exécution matérielle moins soignée et la valeur de certains d'entre eux est même assez inférieure.

La fabrication étant moins localisée qu'au XIIe siècle, on trouve de nombreux indices que le même artiste a collaboré à l'exécution de vitraux placés dans des monuments souvent fort éloignés les uns des autres.

Bien que manquant de renseignements précis sur les lieux d'où provenaient les verres de couleur qu'on y employait, il est presque certain qu'au XIIe siècle ils étaient fabriqués dans les monastères mêmes. Dans la suite, il s'établit de véritables verreries, alimentant toute une région; la similitude de couleurs des verres employés, en particulier celle des verres composant les fonds, le laisse supposer :

Tandis que dans l'Ile de France le rouge et le bleu se rencontrent en parties à peu près égales, dans les vitraux de l'Est, dont le type le plus caractéristique se trouve à la Cathédrale de Strasbourg, ce sont le rouge, le vert et le jaune qui prédominent.

L'harmonie de ces vitraux en est par suite bien différente comme effet d'ensemble.

A la fin du XIIIe siècle, un nouveau procédé de décoration destiné à rendre de grands services à l'art de la Peinture sur verre venait s'ajouter à ceux déjà connus; on avait découvert, en effet, la propriété que possèdent certains verres de se colorer superficiellement en jaune quand on applique sur une de leurs faces une lame d'argent métallique ou une combinaison de ce métal et qu'on les cuit ensuite au moufle.

Ce procédé de coloration, inconnu aux époques précédentes et dont la découverte avait été très probablement due au hasard (¹), est d'un emploi facile et d'un très bel effet décoratif.

A dater du XIVe siècle, il est employé d'une façon courante, et même avec profusion, dans les décorations d'architecture de style gothique destinées à entourer les personnages.

On s'en sert pour les personnages eux-mêmes, pour figurer les cheveux et la barbe; l'emploi en fut du reste continué aux époques suivantes dans des conditions analogues.

A dater de cette époque, quoiqu'on disposât de ressources décoratives plus nombreuses et que la fabrication des verres de couleur fût moins coûteuse et plus variée, on fait de moins en moins de vitraux, et le nombre des artistes s'occupant de cette fabrication diminue progressivement.

Les vitraux de la fin du XIVe et ceux du XVe siècle sont généralement moins bons et moins bien exécutés; ils se ressentent des transformations successives que subit elle-même la Peinture à l'huile sous l'inspiration des peintres célèbres, tels que Cimabué à Florence, Jean de Bruges dans les Flandres et Albert Dürer en Allemagne; ils sont, dans leur ensemble, inférieurs aux vitraux des XIIe et XIIIe siècles.

VITRAUX DES XVIe ET XVIIe SIÈCLES.

La situation troublée amenée par la guerre de Cent ans, avait contribué à détourner les esprits du goût des œuvres

(¹) Par l'oubli fait d'un bouton d'argent sur une feuille de verre au moment de sa cuisson.

d'art, et c'est au XVIe siècle qu'il appartenait de donner, en France en particulier, une nouvelle impulsion à l'art de la Peinture sur verre.

Le nombre des vitraux faits à cette époque est très grand; ce mode de décoration est, en effet, adopté non seulement pour les églises, les monastères et les cloîtres, mais encore pour les monuments d'architecture civile, les palais de la noblesse, les lieux d'assemblées publiques et même les habitations particulières. Les artistes les plus renommés se livrent à la fabrication des vitraux, et décorent des monuments entiers de véritables tableaux sur verre.

Bernard de Palissy fait la suite des *Amours de Psyché* (1). Jean Cousin dessine en entier les vitraux de la Sainte-Chapelle de Vincennes, tandis que Robert Pinaigrier fait une partie des beaux vitraux de l'église Saint-Gervais à Paris, en concurrence avec Jean Cousin.

Un grand nombre d'églises de Normandie sont décorées de vitraux; une des plus remarquables est, sans contredit, celle de Conches (Eure).

Les vitraux exécutés à cette époque appartiennent à trois écoles bien distinctes : l'École française, à la tête de laquelle sont Jean Cousin et Robert Pinaigrier, l'École allemande, ayant pour chef Albert Dürer, et l'École messine dirigée par Bousch, disciple de Michel-Ange; c'est ce dernier qui avait fait les vitraux de la Cathédrale de Metz.

Les peintres verriers formaient alors des corporations puissantes, régies par des règlements sévères exécutés fidèlement (2).

Il en existait une à Paris, qui avait été fondée en 1585.

Les peintres verriers, considérés alors comme des artistes,

(1) Il a été contesté que ces vitraux aient été exécutés par lui et même qu'il ait jamais fait les grisailles du château d'Écouen.

(2) CHARAVAY, *Étude d'une convention faite par la corporation des peintres verriers avec l'église Sainte-Croix*, 1585.

jouissaient de certains priviléges que Charles V, Charles VII et Louis XI leur avaient successivement octroyés.

Le chef de la corporation devait en particulier surveiller les travaux de ses membres et veiller à leur bonne exécution et à leur sincérité.

Le nombre des peintres verriers s'était augmenté progressivement et bientôt s'était établie entre eux une telle concurrence, que, suivant Bernard de Palissy, on colportait des vitraux tout faits et tout préparés; leur prix s'en était abaissé à ce point que le peintre verrier ne pouvait plus vivre en exerçant sa profession; ce serait là la raison qui l'aurait décidé personnellement à abandonner la Peinture sur verre pour se livrer à la fabrication de la Céramique d'art.

Dès la fin du xve siècle, de nouveaux procédés de fabrication des verres colorés étaient venus, par la variété et la richesse des tons qu'ils permettaient de produire, aider puissamment les artistes dans la composition de leurs vitraux.

Un des principaux a été l'invention des verres à plusieurs couches de teintes différentes soudées entre elles, ou pour mieux dire plaquées les unes sur les autres, au moment du soufflage du manchon ou du plateau.

On a été longtemps sans s'apercevoir de la façon dont ces verres avaient été fabriqués et sans remarquer que la coloration de la plupart d'entre eux était le résultat de la superposition de plusieurs couches de verre coloré de teintes différentes (1).

On n'a aucun renseignement certain sur les contrées dans lesquelles ce mode de fabrication a été pratiqué pour la première fois; on sait seulement que, quel que soit le lieu où on les rencontre, que ce soit en France ou en Italie, tous les

(1) C'est M. Leprevost, l'habile peintre verrier dont nous avons déjà parlé, qui le premier, croyons-nous, a attiré l'attention sur cette particularité et en a signalé les nouveaux et curieux effets.

vitraux de cette époque ont été exécutés avec des verres fabriqués par ce procédé.

On peut supposer qu'il existait plusieurs contrées où s'étaient établies des verreries, car, d'après une observation faite par Levieil, observation déjà reproduite au sujet du verre rouge, qu'il dit n'avoir pu trouver, *même en Allemagne,* on peut supposer qu'il en avait été fabriqué dans ce pays, et, d'autre part, des documents trouvés en Belgique semblent établir que les verres employés pour la décoration de l'église de Brou, édifiée de 1511 à 1536 dans la Bresse, avaient été fabriqués sur place.

Il en est de même de l'église de Conches pour laquelle une verrerie aurait été installée sur les lieux mêmes où elle avait été édifiée.

A Troyes, en Champagne, où existait une École de Peinture sur verre renommée, qui avait exécuté des vitraux pour toute la province, une seule verrerie aurait fourni les verres qui y avaient été employés.

Les teintes des verres qu'on trouve dans cette province sont, en effet, très comparables entre elles. Il n'en est pas de même pour les autres régions, où les teintes diffèrent notablement les unes des autres pour des vitraux contemporains les uns des autres; nous donnerons comme exemple les bleus nuancés employés pour figurer les ciels, qui, en Champagne, sont d'une teinte plus grise que ceux des vitraux de la Normandie.

Plusieurs raisons font penser qu'il eût été difficile de fabriquer sans inconvénient ces verres dans un lieu éloigné de celui où on devait les employer; ils étaient, en effet, toujours inégaux d'épaisseur et, par suite, d'un emballage et d'un transport difficiles, les routes existaient à peine, même à la fin du XVIe siècle, et de plus, les artistes soucieux de leurs œuvres et désirant surveiller eux-mêmes la fabrication de leurs verres, ne pouvaient le faire efficacement que sur place ou dans un endroit très proche de celui où ils devaient en faire usage.

Certains auteurs, et entre autres Viollet-Leduc, se basant sur la longue pratique que l'on avait en Italie de l'industrie du verre, en avaient induit que ces verres, si ingénieusement composés, avaient été fabriqués à Venise; aucun document de quelque valeur n'est venu confirmer cette assertion ni lui donner une apparence de probabilité.

En dehors des qualités particulières de coloration qu'il permettait aux verres d'acquérir, ce procédé de placage donnait au peintre verrier la faculté d'user de ressources nouvelles, telles que celle de faire des enlevés d'une couche sur une des faces du verre, mettant à nu l'autre couche : cette sorte de gravure se faisait à l'aide d'un poinçon, d'une roue ou d'une meule et d'émeri porphyrisé. On pouvait ainsi produire des oppositions très favorables à l'effet décoratif; on l'augmentait encore en apposant dans la partie ainsi creusée du jaune d'argent ou des émaux colorés, que l'on fondait ultérieurement au feu du moufle.

Nous rappellerons, en ce qui concerne les *émaux* rapportés et fondus sur le verre, que les premières applications en avaient été faites dès le XIVe siècle par Jean de Bruges, mais qu'on n'avait employé ce procédé que très rarement pour les vitraux des grandes fenêtres des églises.

Les émaux ont été utilisés d'une façon courante, au XVIe siècle, pour faire ces petits vitraux civils, dits *vitraux suisses,* si remarquables généralement par la finesse du dessin et par leur coloration, et dont on retrouve encore de jolis spécimens à Zurich et à Coire.

Au XVIIe siècle, la Peinture sur verre tombe encore une fois en décadence; on fait encore quelques beaux vitraux dans le style du XVIe siècle, même avec des applications d'émaux sur la peinture après cuisson, mais ces émaux sont le plus souvent ternes et manquent de transparence. Les vitraux de cette époque sont simplement faits en verre non teinté, mis en plomb, qu'on entoure, pour les décorer, d'une bordure composée de verres colorés ou de verres teintés à l'aide du jaune d'argent.

Il existe encore à Paris, dans un grand nombre d'églises, des vitraux exécutés dans ces conditions.

VITRAUX DES XVIIIe ET XIXe SIÈCLES.

Au XVIIIe siècle, le vitrail a pour ainsi dire disparu; les verreries qui fabriquaient les verres de couleur ont cessé de produire faute de consommation, et, en 1740, Levieil lui-même ne fait plus que de la vitrerie blanche.

Ce n'est qu'au commencement du XIXe siècle qu'ont été faites les premières tentatives ayant pour but de reproduire les vitraux exécutés aux époques précédentes. On a cherché naturellement à refaire les verres nécessaires pour s'en rapprocher; Brongniart, alors directeur de la Manufacture de Sèvres, et Bontemps, directeur de la Verrerie de Choisy-le-Roi, sont les premiers qui, après des essais réitérés, soient arrivés à des résultats sérieux; mais le peu de similitude des procédés de fabrication employés, non moins que la différence de composition chimique que l'analyse eût pu cependant déceler, donnèrent des verres beaux en eux-mêmes, mais ne ressemblant guère à ceux qu'on avait pris pour modèle et qu'on cherchait, non sans raison, à imiter.

Plus tard, sous la direction d'archéologues et d'amateurs, on a organisé, en Angleterre, une fabrication analogue à celle pratiquée autrefois en affectant de reproduire les défauts et les accidents des verres anciens; on a pris comme modèles, pour leur coloration, une série de tons choisis parmi les plus beaux de ceux trouvés en France dans les vitraux du XIVe siècle, dont on a fait des types invariables.

L'emploi de ces verres a donné les meilleurs résultats; le reproche qu'il est permis de leur faire réside dans l'exagération d'atténuation donnée de parti pris à certains tons;

comme composition, ils diffèrent notablement des verres anciens qui étaient infiniment moins fusibles et, par suite, plus solides et moins susceptibles de s'altérer.

Nous terminerons ici l'histoire du vitrail, si incomplète qu'elle soit, mais que nous croyons cependant suffisante pour déterminer les diverses époques auxquelles ont été produits les plus beaux vitraux, et qu'il était indispensable de faire connaître pour l'étude principale que nous avions en vue.

II. — LES VERRES.

Les verres colorés employés aux époques pour ainsi dire classiques du vitrail sont notablement différents les uns des autres comme coloration, épaisseur, dimension, aussi bien que comme état de conservation; ils sont non moins différents sous le rapport de la composition chimique; nous les étudierons successivement à ces divers points de vue et nous nous occuperons, en premier lieu, de leurs caractères extérieurs.

Comme nous avons eu occasion de le dire, les époques de grande production et de grand emploi du vitrail sont le XIIe, le XIIIe et le XVIe siècle ; au XIVe et au XVe, époques intermédiaires et pour ainsi dire de transition, les verres se rapprochent de ceux de l'époque qui les précède ou de ceux de l'époque qui les suit; ils peuvent, sans inconvénient, être confondus avec eux.

CARACTÈRES EXTÉRIEURS.

VERRES DES XIIe ET XIIIe SIÈCLES.

En examinant les vitraux des XIIe et XIIIe siècles, on est frappé de la faible dimension des verres qui les composent; quoique certaines figures soient deux et trois fois plus grandes que nature, dimensions nécessitées par la grande hauteur à laquelle les vitraux dont elles font partie devaient être placés, ils sont formés de morceaux ayant rarement plus de trois décimètres carrés de surface et plus souvent de morceaux de moindre dimension; pour une seule figure, il a fallu quelquefois vingt-cinq et trente pièces juxtaposées et assemblées. L'ensemble du vitrail, vu sous un certain angle, manque de planimétrie et forme une série de bosses plus ou moins accentuées, produites soit par l'épaisseur inégale des verres, soit par la façon grossière dont ils ont été étendus ou *redressés,* au moment de leur fabrication.

Nous avons été à même d'examiner des morceaux de verre d'un vitrail du XIIIe siècle provenant de Sées (Orne), dont l'épaisseur, dans une largeur de $0^{m},15$, variait de $2^{mm},5$ à 6^{mm}.

Dans un vitrail de Saint-Julien-du-Sault (Yonne), un morceau de bleu mis en écoinçon était tellement inégal d'épaisseur qu'il a été impossible de le replacer quand on en a fait la restauration.

Ces verres étaient fabriqués soit en plateaux ouverts au feu, soit en manchons étendus ou développés après coup; ils étaient rarement bien plans et formaient généralement une surface plus ou moins gauche.

Contrairement à l'opinion qu'on pourrait s'en former à la lecture du manuscrit du moine Théophile ([1]), nous pensons que le procédé des manchons était le moins usité et que celui des plateaux ouverts au feu, bien certainement inventé le premier, avait été employé de préférence jusqu'au XVIIe siècle.

([1]) Le manuscrit du moine Théophile, dont le titre est *Theophili diversarum artium schedula,* est le plus ancien document connu et d'une date très incertaine; après avoir été considéré comme écrit au IXe siècle par Tutelin, moine de Saint-Gall, puis au XIe siècle, il est plus généralement admis qu'il date de la fin du XIIe ou du commencement du XIIIe siècle.

Cet Ouvrage dénote une connaissance très complète de la fabrication du verre et principalement de celle des vitraux. Il a été traduit en 1843 par M. le comte de l'Escalopier.

Cette opinion semble justifiée par des considérations tirées de l'examen des verres qui nous restent de cette époque et qu'il nous a été possible d'examiner en très grand nombre; en voici les principales :

1° Ce mode de fabrication était de beaucoup le plus simple et n'exigeait qu'une seule recuisson du verre, tandis que, par le procédé des manchons, ces derniers une fois ouverts et recuits, il fallait, dans un second four, dont Théophile donne du reste la description et qu'il appelle (Livre II, Chapitre IX, *de Dilatandis vitreis tabulis*) *le four de dilatation*, étendre ou *dilater* ce manchon préalablement fendu sur sa longueur, puis recuire la feuille plane ainsi obtenue.

2° L'inégalité d'épaisseur des verres était inévitable en employant des plateaux; dans leur fabrication, en effet, il est très difficile de les soutenir et de les ouvrir si l'épaisseur n'est pas notablement plus grande au centre qu'aux bords. De plus, il est rare qu'ils se développent en formant un plan parfait; le plus souvent, ils sont gondolés soit dans le fond, soit dans la partie médiane du rayon, par suite de l'inégalité de leur épaisseur dans leurs diverses parties.

3° On trouve souvent dans les endroits les moins apparents des vitraux, tels que les coins, des morceaux portant encore la trace de l'attache par laquelle ils étaient tenus au moment de leur fabrication (1).

4° Les lignes circulaires formées par les veines plus ou moins foncées qui se trouvent dans certains verres, tels que les rouges, les bleus, les jaunes, ainsi que la bordure même du plateau qui a été mise en plomb souvent sans avoir été touchée, nous en donnent une nouvelle confirmation : dans des vitraux de Toul, du Mans, de Limoges, de Châlons-sur-

(1) Ces morceaux sont analogues aux vitres que l'on voit encore en Normandie et en Bretagne, aux fenêtres des écuries et des étables, et que les colporteurs vendaient comme produits inférieurs venant des verreries où se fabriquait autrefois le verre à vitres ordinaire au moyen de plateaux.

Marne, de Sées, d'Auxerre, de Saint-Julien-du-Sault, les lignes circulaires formant le bord du plateau correspondent à une circonférence ayant de $0^m,50$ à $0^m,60$ de diamètre.

A Gisors, dans un vitrail datant de 1545, les plateaux d'où avaient été tirés les verres devaient avoir plus de $0^m,70$ de diamètre.

Dans un même vitrail, il est à remarquer que certaines couleurs ont été faites en plateaux, tandis que d'autres ont été faites en manchons; ainsi à Sées (Orne), les bleus et les verdâtres ont été obtenus par le premier procédé, les jaunes, les rouges, les verts et les pourprés, par le second.

Cette même remarque a été faite pour des vitraux du XIIe et du XIIIe siècle, au Mans, à Châlons-sur-Marne; il en est de même pour des vitraux du XVIe siècle, à Saint-Firmin (Oise).

Les verres anciens sont souvent remplis de bulles ou bouillons, assez gros parfois, qui font supposer que le raffinage en a été incomplet. Toutefois, ce défaut n'a rien de général. La plus grande partie des verres sont, au contraire, assez purs et en particulier dépourvus de pierres ou granulations siliceuses (infondus) pouvant en occasionner la casse, ce qui, eu égard à leur composition chimique et à leur fusibilité toujours faible provenant de la petite quantité de bases alcalines qu'ils contiennent, prouverait qu'ils étaient fondus à une température élevée.

Les grains et les pierres qu'on y rencontre quelquefois sont de nature alumineuse et proviennent de la détérioration des creusets dans lesquels ils avaient été fondus; ils ne sont généralement pas susceptibles d'altérer leur solidité.

L'épaisseur des verres des XIIe et XIIIe siècles est en moyenne de 3^{mm} à 4^{mm}, épaisseur qui avait été reconnue sans doute nécessaire pour faire des vitraux suffisamment résistants.

Enfin, une dernière particularité intéressante de la fabrication des verres à ces deux époques, qu'il était bon de signaler, c'est que, sauf les rouges, il n'en existe pas de *plaqués,* c'est-à-dire qu'ils n'ont jamais été obtenus par la superposition de deux verres de teintes différentes soudés à chaud au moment de leur fabrication.

Ce n'est tout à fait que par exception qu'on a trouvé des bleus et des roses plaqués à la Cathédrale de Toul, dans des vitraux de la fin du XIIIe siècle.

Ces verres se rayent difficilement et rendent, quand on les laisse tomber sur le sol, un son analogue à celui que rendrait un morceau de métal, tel que de la tôle, dans les mêmes circonstances.

VERRES DU XVIe SIÈCLE.

Quoique les personnages soient généralement de moins grande dimension qu'aux XIIe et XIIIe siècles, on constate qu'au XVIe siècle les verres sont plus grands, pris isolément; une figure, par exemple, est formée d'une seule pièce de verre.

Ils sont plus plans et d'une épaisseur beaucoup plus faible, réduite même quelquefois à 1^{mm}.

Ils sont bien fondus, mais incomplètement raffinés et contiennent des bouillons plus petits; on ne trouve que par exception de grosses bulles gazeuses renfermées dans la masse du verre pendant sa mise en œuvre; ce fait peut s'expliquer en partie par leur fusibilité plus grande qui les rendait un peu moins difficiles à façonner.

Nous avons déjà parlé du procédé de fabrication tout particulier des verres de cette époque, c'est-à-dire par *placage;* il date de la fin du XVe siècle et a été employé jusqu'à la fin du XVIe siècle d'une façon générale, si l'on s'en rapporte aux échantillons trouvés; il est intéressant de rappeler qu'il n'en a été fait mention dans aucun Ouvrage et qu'il paraît même avoir été ignoré de Leviell. Nous avons rencontré des morceaux de verre formés de sept couches superposées; elles étaient généralement au nombre de deux ou de trois.

Ce procédé dénote une science profonde de la décoration en même temps qu'un grand talent d'observation de la part de celui ou de ceux qui l'ont imaginé; il exigeait un grand soin dans la composition de ces verres, pour leur permettre de s'accorder entre eux d'une façon parfaite ([1]).

Cette manière de procéder avait encore l'avantage de permettre de produire des gammes de teintes variées avec un petit nombre de verres colorés mis en fabrication; il suffisait, en effet, de faire varier les proportions de l'une ou de l'autre, soit comme épaisseur, soit comme nombre de couches, pour obtenir des tons se rapprochant plus ou moins de la teinte pure d'un des verres constituants.

C'est dans les violets dits *violets-évêque* dont il était fait un si grand emploi à cette époque, pour les vêtements, et qui étaient formés d'une couche de teinte pourpre et d'une couche de bleu ou de deux couches de l'une et d'une seule de l'autre, que cette variation de tons dans une même feuille de verre est le plus sensible; il en est de même pour les verres verts.

On savait utiliser ces dégradations avec grand art pour les vêtements et les draperies, mais l'application la plus importante et la plus répétée en était faite pour les ciels occupant le fond du vitrail; à cet effet, on y employait des bleus doublés, sur du blanc verdâtre, se dégradant de la teinte bleu foncé à la teinte blanc verdâtre.

Cet effet de dégradation, si favorable à l'aspect du vitrail

([1]) Il est facile de vérifier, par la simple superposition de deux lames de verre, que la lumière, en traversant plusieurs milieux de coloration et d'intensité différentes, éprouve un effet de réfraction tout autre que celui qui se produit quand elle traverse une lame de verre de même intensité colorante, mais formée d'une seule couche de même teinte dans toute son épaisseur. C'est ce qui explique qu'il est impossible de reproduire exactement certains tons de verres du XVIe siècle par des moyens autres que ceux employés à cette époque pour les obtenir, c'est-à-dire par superposition de teintes.

était déjà utilisé au XIIIe siècle, mais il n'était obtenu, à cette époque, que par la différence d'épaisseur des verres, uniquement teints dans la masse, comme nous l'avons vu.

Toutes les teintes de verre étaient produites par doublage et, pour certaines d'entre elles, il est même difficile de se rendre compte des raisons qui en ont motivé l'adoption; ainsi, on trouve des verts plaqués de blanc sur les deux faces; d'autres fois une des couches de blanc est remplacée par du bleu ou du jaune; il est présumable que le verre blanc était employé, dans ce cas, pour permettre de décorer la feuille de verre au moyen du jaune d'argent, ce qui n'aurait pu se faire facilement sur du verre fortement teinté, ou encore pour éclaircir un ton trouvé trop foncé et l'harmoniser avec des verres de teintes différentes, mais de même valeur.

Nous avons cru devoir insister sur cette fabrication qui était d'une si grande perfection et dont les résultats sont, en effet, surprenants, étant données les difficultés qu'elle présente dans la pratique; il ne paraîtra pas hors de propos de rappeler, pour donner une idée de ces difficultés, qu'il n'est pas indifférent, pour obtenir l'accord parfait de deux verres, de les plaquer en les plaçant respectivement soit à l'intérieur, soit à l'extérieur du manchon destiné à produire le verre plan.

Aussi, y a-t-il lieu d'être surpris de la solidité de ces verres, qui sont généralement bien droits et ne présentent que rarement la forme arquée, que prend une feuille formée de deux couches de verre de même fusibilité, mais de contraction tant soit peu inégale. Ils sont, de plus, rarement *faïencés* ou coupés de fissures imperceptibles, fissures visibles seulement par réfraction et sous un certain angle, et dont la présence aurait prouvé que l'accord n'était pas absolument complet, la contraction respective de chacune d'elles n'étant pas la même.

Nous avons eu cependant entre les mains quelques morceaux défectueux de ce chef : dans un verre jaune, doublé sur blanc, provenant de la Cathédrale d'Auch, les deux couches s'étaient séparées nettement; dans des vitraux de Saint-Julien-du-Sault, des violets pourpres sur verdâtre étaient complètement faïencés.

III. — ÉTAT DE CONSERVATION DES VERRES ANCIENS.

En comparant entre eux les verres des XIIe, XIIIe et XVIe siècles, on peut constater que, malgré le nombre d'années très différent pendant lesquelles ils ont été soumis à des causes d'altération de toute espèce, et particulièrement à celles résultant de l'action des agents atmosphériques, les verres du XIIe siècle sont, dans leur ensemble, les mieux conservés, et que, en général, les verres paraissent s'être altérés d'autant plus qu'on se rapproche de l'époque actuelle.

Il est de principe que l'altération que peut éprouver un verre est en raison directe de son degré de fusibilité, ce dont on se rend compte très simplement en le soumettant à l'action d'une température suffisante pour permettre le ramollissement; d'autres circonstances ont pu, toutefois, accélérer ou retarder cet effet de décomposition : la situation géographique a eu, à ce point de vue, une certaine importance; on remarque, en effet, que les vitraux situés dans les contrées de l'Ouest de la France, telles que la Normandie et la Picardie, et exposés, par suite, aux vents humides venant de l'Océan, sont plus attaqués que ceux situés dans les contrées de l'Est et du Centre, qui avaient été placés dans les mêmes conditions d'orientation.

Dans les édifices petits et humides, insuffisamment ventilés, les verres sont aussi plus attaqués, mais d'une façon différente; dans ce cas, c'est la face regardant l'intérieur de l'édifice dont on peut constater l'altération, moins toutefois que la partie du verre enchâssée dans les plombs, où l'humidité produite par la condensation intérieure pouvait séjourner plus longtemps et d'une façon presque permanente.

Les verres, dans ce cas, sont piqués d'une multitude de petites cavités qui ont quelquefois soulevé la peinture, en rendant par place le verre complètement opaque et incapable de laisser passer les rayons lumineux.

Il est parfois assez difficile de s'apercevoir de l'altération qu'a subie un verre qui a conservé en apparence une surface lisse et brillante; ce n'est qu'en le ramollissant au feu qu'on en voit, quand il a été attaqué, une portion plus ou moins épaisse rester légèrement opaque et incomplètement fondue par suite de l'élimination partielle ou totale des éléments alcalins qui entraient dans sa composition (1).

Quand les verres sont attaqués à la partie extérieure, ils sont couverts d'une couche blanchâtre uniforme, composée de silice, d'alumine, de chaux et de l'oxyde colorant, ou bien ils sont parsemés de trous, généralement circulaires, réunis entre eux en affectant une forme vermiculaire qui, à première vue, paraît avoir été produite par l'action mécanique de corps durs, tels que des grains de sable qui auraient frappé leur surface en certains points.

L'explication n'en a pas été donnée d'une façon, à notre avis, suffisamment satisfaisante; nous admettrions volontiers, cependant, une de celles qui ont été proposées récemment et d'après laquelle les verres auraient été recouverts localement d'une végétation cryptogamique qui, par l'état d'humidité qu'elle entretenait et par l'absorption de l'élément alcalin

(1) Ce mode d'expérimentation, employé pour les verres anciens destinés à la confection d'autres objets, et du reste d'une fusibilité plus grande, entre autre des verres de gobeleterie de Venise, nous a décelé une altération superficielle que l'examen le plus attentif n'avait pas été suffisant à faire découvrir.

qu'en auraient faite les racines, pourrait avoir attaqué la surface.

En frottant dans l'eau, avec une brosse dure, des verres attaqués dans ces conditions, on remarque, en effet, qu'elle prend une teinte verte très accentuée, produite par une sorte de mousse qui se détache du verre (1).

L'explication basée sur le manque d'homogénéité de la matière vitreuse qui se serait attaquée par suite inégalement, ne nous paraît pas pouvoir être discutée.

Cet effet est quelquefois très marqué, et nous avons vu des morceaux de verre jaune de Sées (1247) qui avaient été percés à jour.

Le trait des figures ou des vêtements fait en grisaille a suffi quelquefois pour empêcher l'attaque des parties du verre qu'il recouvrait; il en est de même, dans certains cas, pour les parties teintées en jaune à l'argent qui ont été ainsi protégées; il s'est évidemment formé, dans les endroits recouverts, une couche superficielle d'un verre de composition autre que celle du verre lui-même, possédant des qualités de résistance également différentes.

Tous les verres anciens, à peu d'exceptions près, sont, jusqu'au XVIIe siècle, moins fusibles que les verres modernes, et il est permis de supposer que ces derniers, placés dans les mêmes conditions, auraient moins bien résisté que ne l'ont fait les verres anciens.

Cette opinion, émise par Viollet-Leduc dans son *Dictionnaire d'Architecture,* n'est pas sans fondement; il est à craindre, en effet, qu'un certain nombre d'entre eux ne subissent des altérations rapides; mais il est bon d'observer en même temps que la différence de fusibilité n'en serait pas seule cause, et que la composition chimique interviendrait elle-même, d'une façon notable, par l'introduction dans les

---

(1) Cette observation a été faite par M. Leprevost.

verres anciens d'éléments autres que ceux employés actuellement, et au nombre desquels doit être citée, en première ligne, l'*alumine*.

Nous aurons occasion, dans la suite, en nous occupant de leur composition chimique, d'appeler l'attention sur l'introduction, voulue ou non, de ce corps dans les verres anciens et du rôle qu'il y a joué.

Les verres employés dans un même vitrail étaient loin d'être de même qualité au point de vue de la fusibilité, mais à une même époque et dans une même région, la fusibilité, variable suivant la coloration, était sensiblement constante pour une même teinte de verre. On peut les ranger, à ce point de vue, dans l'ordre suivant, en commençant par les moins fusibles :

Au XIIe siècle :

Les blancs,
Les rouges,
Les bleus,
Les pourpres,
Les verts,
Les jaunes,
Les tons de chair.

Aux XIIIe et XIVe et jusqu'à la moitié du XVe siècle, l'ordre est le même, mais la fusibilité pour l'ensemble est toujours plus grande.

Au XVIe siècle, l'ordre est légèrement changé, en ce qui regarde les violets et les bleus, qui sont les plus fusibles. Par exception, nous avons trouvé des blancs verdâtres de cette époque plus durs de beaucoup que tous les verdâtres du XIIIe. Ces différences provenaient de l'introduction dans la pâte, de composition à peu près constante, d'éléments apportés par les oxydes colorants qui étaient rarement employés à l'état de pureté.

Les oxydes de cobalt, par exemple, utilisés pour faire

les superbes bleus du XIIe siècle, si brillants, si éclatants et en même temps si peu attaquables, n'étaient certainement pas les mêmes que ceux dont on s'était servi pour faire les bleus du XVIe siècle qui sont généralement sourds, sans éclat, et de plus toujours très attaquables.

Les altérations produites à la surface des verres modifient profondément l'aspect des vitraux, sans changer pour cela les teintes des verres qui les composent. Ils deviennent seulement de ce chef plus obscurs, il en est même qui ont perdu toute translucidité.

En dehors des modifications amenées par ces altérations, tous les verres des vitraux anciens sont recouverts d'une couche plus ou moins épaisse d'une matière organique produisant à leur surface une sorte de dépoli; cette matière contribue à modifier, pour sa part, l'aspect du vitrail en lui donnant une patine que ne peuvent posséder naturellement les vitraux modernes.

Chevreul, en faisant l'analyse de cette sorte de couverte spéciale, a trouvé qu'elle était composée de matières organiques très fines, débris des matériaux et matières de toute nature se trouvant dans la localité où était édifié le monument, agglomérés par une substance grasse, provenant sans doute du masticage des verres du vitrail, au moment de leur montage.

Quand on procède à la restauration d'un vitrail, on doit commencer par débarrasser les verres de cette espèce de vernis, ce à quoi on parvient facilement en les plongeant, après les avoir préalablement démontés, dans de l'acide chlorhydrique ou de l'acide fluorhydrique faible et même assez étendu pour ne pas attaquer le verre lui-même.

On a émis l'opinion, et non sans raison en apparence, que les verres des vitraux anciens avaient pu changer de teinte sous l'action prolongée de la lumière, et que la teinte de ces verres, telle qu'elle se présente à nous, n'est pas celle que possédait le verre au moment où le vitrail avait été composé; il est certain que quelques teintes de verre sont susceptibles de se modifier, d'une façon sensible, sous l'action des rayons lumineux.

Il a été fait à ce sujet d'intéressantes expériences par M. Garfield, de Boston; M. Pelouze, le savant chimiste et éminent verrier, a donné pour des verres non teintés, et plus particulièrement pour le verre à glaces, une explication de ces phénomènes peu connus; elle est basée sur la réaction du protoxyde de fer et du sulfate de soude; nous engageons le lecteur à se reporter aux Ouvrages où cette étude et ces observations ont été consignées (¹).

Il était intéressant de vérifier si un effet analogue ne s'était pas produit dans les verres anciens; on a, à cet effet, comparé les parties découvertes de verres convenablement choisis, exposées, par suite, à l'action de la lumière, avec celles qui, enchâssées dans les plombs, en étaient à l'abri; l'examen le plus attentif n'a pas permis de constater de différence appréciable dans aucun des verres mis en observation, même pour des verres de couleur chair, regardés, avec les violets, comme susceptibles de se modifier le plus aisément dans la fabrication moderne. On peut donner comme une seconde preuve de la fixité de nuance de ces verres, l'absence de modification qu'ils subissent quand on les chauffe dans un moufle, à la température nécessaire pour cuire les grisailles.

Un grand nombre de verres de fabrication moderne ne peuvent subir cette dernière épreuve, au grand désespoir des peintres verriers qui les emploient; aucun des verres anciens mis en expérience n'a éprouvé le moindre changement.

(¹) Henrivaux (Jules), *Verre et Cristal* (Paris, Dunod). — Appert (L.) et Henrivaux (J.), *Verre et Verrerie*. Grand in-8, avec 130 figures et un atlas in-4° de 14 planches (*Encyclopédie industrielle* fondée par M. C. Lechalas); 1894 (Paris, Gauthier-Villars et fils).

IV. — COMPOSITION CHIMIQUE.

On peut se rendre compte de la composition élémentaire des verres, soit en en faisant l'analyse chimique directement, soit en consultant les Ouvrages anciens qui traitent de leur fabrication et presque toujours en même temps de celle des vitraux.

Les Ouvrages qui peuvent être consultés sur ce sujet sont peu nombreux : le plus ancien est le manuscrit du moine Théophile, qui donne quelques indications assez intéressantes.

Un autre Ouvrage, écrit par Kunckel, célèbre chimiste allemand, a été traduit en 1697; on y trouve réunis les sept premiers Livres d'un Traité d'Antoine Néri sur l'art de la Verrerie, écrit en italien, les observations de Christophe Merret, chimiste anglais, sur ce même Traité, et les propres observations de Kunckel sur ce qu'avaient écrit Néri et Merret.

Cet Ouvrage, le plus complet sur la matière, a servi de base à ceux qui l'ont suivi. Nous citerons les plus importants d'entre eux, qui sont : *l'Art de la Verrerie,* par Haudicquer de Blancourt, paru en 1697, et *l'Art de la Peinture sur verre et de la Vitrerie,* par Levieil, édité dans le recueil de l'*Encyclopédie* en 1774. Nous avons déjà eu occasion de parler plusieurs fois de cet Ouvrage rempli d'observations instructives et curieuses.

C'est à l'analyse chimique que nous avons eu recours pour obtenir des résultats plus certains; ces analyses, faites sur des échantillons d'origine et d'époques très différentes, nous ont été d'un précieux secours en déterminant les proportions et la nature des divers éléments qui les composaient.

Il résulte de ces analyses que tous les verres employés dans les vitraux anciens se distinguent des verres fabriqués actuellement par la présence des deux éléments que l'on s'est appliqué à exclure généralement dans la fabrication moderne, et qui sont l'*alumine* et les *oxydes du fer*.

Les quantités relatives de ces deux corps sont variables pour chaque espèce de verre à une même époque; elles diffèrent aussi d'époque à époque et de région à région; mais on les y rencontre d'une façon constante. L'alumine pouvait y avoir été introduite soit par les sables, soit par le calcaire destiné à fournir la chaux en se décomposant à la température où se produit la combinaison de la matière vitrifiable. Il est certain pour nous que cette introduction a été faite par les sables et que c'était avec discernement que l'on choisissait des sables ferrugineux contenant en même temps de l'alumine. Les traditions établies à ce sujet par les peintres verriers des XIe et XIIe siècles, dont le sentiment décoratif était très développé et qui s'étaient rendu compte des qualités, comme coloration, que devaient posséder les verres, avaient été suivies par leurs successeurs.

Les teintes qu'acquéraient les verres par le choix de ces sables donnait à la lumière qui les traversait une douceur et une harmonie propres à charmer la vue sans la heurter.

L'emploi de calcaires plus ou moins marneux nous semblerait, au contraire, avoir été involontaire et n'avoir été que le résultat de circonstances locales, la quantité de fer introduite en même temps que l'alumine étant dans ce cas assez faible et ne pouvant contribuer qu'imparfaitement à la coloration cherchée.

La magnésie que ces calcaires pouvaient amener en même temps que l'alumine n'avait aucune influence qui puisse en faire rechercher l'introduction.

Ce n'est qu'exceptionnellement qu'on trouve dans la nature des sables ferrugineux dépourvus d'alumine, soit que le fer s'y rencontre à l'état de sesquioxyde, Fe^2O^3, ou à l'état d'oxyde de fer magnétique, Fe^3O^4, et ce n'est que par exception que l'on trouve aux environs de Nevers des pegmatites provenant de la décomposition des granits donnant un sable alumineux en étant complètement dépourvu.

Les quantités de fer et d'alumine contenues dans les sables ferrugineux sont extrêmement variables dans le même lieu d'extraction; par suite de la diversité de composition des couches qui y sont superposées, les proportions relatives d'oxyde de fer et d'alumine peuvent aller elles-mêmes du simple au triple, ce qui suffit pour expliquer la diversité de composition des verres fabriqués dans un même endroit.

Dans des vitraux du XIIIe siècle, au Mans, nous avons trouvé des verres verdâtres peu teintés, dans lesquels les proportions des éléments, silice, alumine et fer, étaient respectivement de :

Silice	69,85
Alumine	11,30
Fe^3O^4	4,20

Silice	56,40
Alumine	7,90
Fe^2O^3	3,20

Un verdâtre de Gisors du XVIe siècle contenait :

Silice	57,40
Alumine	3,45
Fe^3O^4	11,25

Dans ces trois échantillons, on peut remarquer que la somme des poids de ces trois corps ne varie que dans des limites peu étendues, et il est permis d'en induire que la quantité de sable naturel introduite dans le mélange vitrifiable avait dû être, à peu de chose près, la même pour chacun d'eux.

L'emploi que nous avons fait des sables de Châtillon-sous Bagneux, qui peuvent être considérés comme le type des sables ferrugineux de cette formation dans le bassin de Paris, et très propres par suite à produire de beaux verres, présente une irrégularité de composition analogue et également très grande.

Les verres composés avec ces sables sont plus fins de ton que ceux que l'on obtient avec des sables purs auxquels on ajoute l'oxyde de fer au même état d'oxydation et en même proportion.

Les verres anciens, considérés comme incolores, étaient toujours teintés, et ce n'est que par exception que, dans quelques vitraux du XIIe siècle, comme à Angers, on a trouvé des verres blancs analogues à ceux de fabrication moderne; l'effet qu'ils produisent dans l'ensemble du vitrail est défectueux et en complète discordance avec les verres qui les entourent; il est probable que ces verres avaient été fabriqués avec des sables de Saumur, presque totalement dépourvus d'oxyde de fer.

La coloration donnée par les sables ferrugineux ne varie pas seulement avec la proportion d'oxyde de fer qui y est contenue, elle diffère encore suivant le degré d'oxydation dans lequel le fer s'y rencontre.

L'impureté des matières employées conjointement avec le sable, la façon dont le frittage du mélange vitrifiable avait été conduit, soit qu'il ait été prolongé plus ou moins et par suite plus ou moins réducteur, pouvaient modifier cette coloration en faisant varier cet état d'oxydation du fer. La présence de l'alumine tendait encore à provoquer ce changement d'état par la combinaison facile qu'elle forme avec le fer quand il est à l'état de protoxyde, Fe O.

L'opération du frittage était nécessitée par l'emploi des cendres de bois qui fournissaient la partie alcaline du mélange, et par celui des soudes exotiques contenant des chlorures alcalins que cette opération seule permettait de décomposer.

Théophile décrit le four à fritter dans le Livre II, Chapitres I, II et III. Ce genre de four était encore employé, il y a quelques années, dans la fabrication des bouteilles, pour en préparer la matière vitrifiable.

A part le bioxyde de manganèse, les produits susceptibles de fournir de l'oxygène et de brûler les matières organiques incomplètement décomposées pendant le frittage, tels que les azotates alcalins, paraissent ne pas avoir été connus ou tout au moins ne pas avoir été employés, et les fondants, quelquefois neutres, devenaient souvent réducteurs; aussi les verres verdâtres (considérés comme blancs) sont-ils bien plus souvent colorés par le fer à l'état de Fe^3O^4 ou de FeO que par le fer à l'état de Fe^2O^3, ce qu'indique du reste la teinte qu'ils possèdent; on sait, en effet, que dans un cas la teinte est vert bleuâtre et, dans l'autre, verdâtre jaunâtre.

A ces observations nous ajouterons quelques considérations suggérées par l'examen des analyses données plus haut :

On a pu remarquer combien sont faibles, comparées à celles adoptées généralement aujourd'hui, les proportions de silice, 56 et 57 pour 100 en moyenne, contenues dans les verres du XIIIe siècle, et l'on ne peut s'expliquer, en les comparant à celles des verres modernes qui sont de 70 à 75 pour 100, le bon état de conservation de ces verres, après six cents ou sept cents ans d'existence, que par le rôle tout particulier qu'y joue l'alumine. Tout porte à penser, en effet, que, dans ces conditions, l'alumine remplace la silice et vient former un verre de composition nouvelle, doué de qualités particulières.

D'après les essais synthétiques faits par Berthier (¹) et d'après ceux que nous avons faits nous-même, il est permis de supposer que, en présence de bases fortes, et l'on peut considérer comme telles les bases alcalines, la chaux et le

(¹) Essais par la voie sèche.

protoxyde de fer, l'alumine joue le rôle d'*acide* et que les verres ainsi composés sont des silico-aluminates des bases qui y sont contenues, bien plutôt que des silicates triples de ces mêmes bases auxquelles s'adjoindrait l'alumine; on trouve, du reste, dans la nature, des combinaisons ayant l'apparence vitreuse, telles que les *spinelles,* qui sont des aluminates de fer et de magnésie; d'autres roches siliceuses sont considérées comme un mélange de silicates et d'aluminates définis.

Ces considérations ne sont pas les seules que nous puissions invoquer, elles peuvent être complétées par les suivantes :

Nous regardons, en effet, comme très propre à favoriser cette combinaison, la présence du fer à l'état de protoxyde de fer ou d'oxyde de fer magnétique qui, seuls avec l'alumine, à haute température, forment une combinaison et donnent un produit fondu qui est un verre, combinaison qu'il est impossible d'obtenir avec le fer à l'état de sesquioxyde, en proportion égale ou équivalente.

Il en est une seconde qui nous est fournie par la comparaison d'un verre ancien à faible teneur en silice avec un verre de composition dite *normale,* telle que le docteur Benrath, de Dorpat, l'a établie.

La composition moyenne de deux verres rouges du XIIIe siècle, analysés par nous, a été trouvée être de :

	Verres rouges.		
	N° 1.	N° 2.	Moyenne.
Silice....................	56,40	56,10	56,25
Chaux....................	14,40	14,30	14,35
Potasse (VO)............	17,50	16,90	17,30
Alumine..................	7,90	8,40	8,15
Sesquioxyde de fer.......	3,20	2,80	3,00

Si nous considérons l'alumine comme une base, le rapport de l'oxygène de l'acide silicique à l'oxygène des quatre bases serait de 2,81, tandis que dans un verre de composition normale, d'après M. Benrath, ce rapport doit être de 5.

Mais, si nous considérons l'alumine comme acide, ce rapport, pour le même verre, devient 4,75 et se rapproche beaucoup, comme on le voit, de celui du verre normal regardé comme le verre le plus solide et le moins attaquable.

Une dernière considération, basée sur les propriétés particulières qu'acquiert le verre contenant de l'alumine et de l'oxyde de fer dans les proportions où ces deux corps se trouvent dans les verres anciens, nous semble confirmer notre opinion; on observe, en effet, que le verre ainsi composé perd considérablement de sa malléabilité, et sa mise en œuvre pour le transformer en feuilles planes devient plus difficile. Il se comporte à la fusion comme un verre ordinaire, mais au travail il se refroidit plus vivement et perd en même temps de sa plasticité; ainsi, quoique travaillé avec rapidité, il ne se réchauffe que localement en devenant très coulant dans la partie chauffée, tandis qu'il conserve l'état solide dans un point très voisin un peu moins chauffé. Cette propriété particulière fait qu'il est difficile, même à un verrier habile, d'obtenir des manchons de verre bien égaux d'épaisseur dans toutes leurs parties.

Ces difficultés toutes spéciales pourraient expliquer en même temps l'exiguïté relative des manchons ou des plateaux fabriqués à ces diverses époques et combien, en revanche, ces verres possédaient les qualités de résistance qui les rendaient si bien appropriés à l'usage auquel ils étaient destinés.

A ce point de vue, ils ne peuvent être comparés, pour la plupart, qu'aux meilleurs verres fabriqués actuellement pour la conservation des vins de Champagne, avec cette différence que la potasse remplaçait la soude, exclusivement adoptée de nos jours dans cette fabrication.

Les inégalités d'épaisseur qu'entraînait dans les feuilles

de verre ou dans les plateaux ce soufflage imparfait des manchons ou des sphères qui servaient à les produire, loin de nuire à l'effet décoratif du vitrail, en augmentaient au contraire l'éclat et l'harmonie, par les jeux de lumière qui se produisaient d'une façon différente, suivant l'intensité de la coloration; les artistes qui en opéraient le montage, en les *mettant en plomb,* en savaient tirer parti avec un art infini qu'on ne saurait trop admirer.

Nous avons appliqué à divers échantillons de verres du XIIIe siècle, et en particulier aux verres rouges dont nous avons donné plus haut l'analyse, la méthode d'essai par voie humide, si ingénieusement employée par M. Jules Henrivaux, pour se rendre compte de l'inaltérabilité relative des verres. Cette méthode est basée sur l'emploi de l'eau bouillante, agissant pendant un temps déterminé sur un poids de verre constant qu'on a amené à un état de ténuité extrême.

Essayés dans ces conditions, ces verres ont décelé une inaltérabilité bien plus grande que celle des verres modernes fabriqués pour le même usage, et égale, si ce n'est supérieure, à celle des verres à glaces les mieux composés, regardés avec raison comme les plus résistants.

Les chiffres suivants, mis en regard de la nature de l'échantillon, donnent la perte de poids que subissent 100gr du verre essayé, traités par 1lit d'eau distillée bouillante pendant huit heures. Le degré d'altérabilité est en raison directe du nombre obtenu :

	gr
Verre verdâtre du XIIIe siècle	0,96
Verre rouge veiné, Cathédrale de Bourges, XIIIe siècle	1,05
Verre verdâtre sur lequel était plaqué ce rouge	0,84
Verre à glaces, de Saint-Gobain	1,186
Verre de gobeleterie de bonne qualité	2,076
Verre pour soufflage à la lampe d'émailleur	3,974

En dehors des qualités que l'introduction de l'alumine en

proportion notable donnait aux verres, elle avait encore la propriété de les rendre aptes à se teindre d'une façon facile et certaine par les sels d'argent appliqués à leur surface; et, en effet, essayés successivement, nous avons pu nous rendre compte que tous ces verres, qu'ils soient plus ou moins teintés, se colorent en jaune facilement, c'est-à-dire en donnant une teinte jaune bien transparente, dépourvue de la teinte dichroïque jaune marron par réflexion qui se produit quand la prise de jaune est défectueuse ou lorsque le verre est impropre à recevoir cette coloration.

Ultérieurement, et en particulier au XVIIe et au XVIIIe siècle, l'addition, dans les mélanges vitrifiables, de corps autres que l'alumine a permis d'obtenir des jaunes plus orangés et plus intenses, ce qui n'était pas possible avant cette époque.

Nous avons insisté d'une façon particulière sur l'influence qu'a pu exercer l'alumine dans les verres que nous nous sommes proposé d'étudier; nous avons cru d'autant plus intéressant de le faire que, jusqu'alors, on n'avait pas suffisamment attiré l'attention sur les effets particuliers résultant de son emploi et des ressources qu'il pouvait présenter.

Comme dernière particularité que présente la composition des verres anciens, nous rappellerons que le choix de la base alcaline n'avait pas été sans importance, par l'influence qu'elle a exercée elle-même sur leurs qualités.

Le seul procédé employé pour introduire l'élément alcalin dans les verres était celui des cendres provenant de l'incinération des végétaux ; d'après Théophile, on préférait celles contenant de la potasse; et, à cet effet, les cendres de fougères étaient spécialement recommandées. Au XIIe siècle, c'était la seule base qu'on y rencontrât, tandis que, au XIIIe siècle, les verres pour la fabrication desquels les traditions avaient été moins exactement observées, par suite de la dissémination des lieux de production, contenaient de la soude; elle y fut introduite dans une proportion de plus en plus considérable par rapport à celle de la potasse; jusqu'au XVIe siècle, époque à laquelle, par suite des perfectionnements apportés dans les procédés industriels et par suite de l'introduction de nombreux produits susceptibles de procurer facilement l'élément alcalin, on n'employa plus que la soude d'une façon exclusive; elle était fournie par les soudes d'Orient, connues dans le commerce sous le nom de *natron* ou *poudre de roquette;* leur prix était moins élevé que celui des produits similaires obtenus au moyen des cendres de bois.

La potasse présentait cet avantage de donner des colorations plus fraîches et plus belles que la soude, mais, en même temps, les verres qu'elle permettait de produire étaient moins fusibles et moins souples, ce qui contribuait à augmenter les difficultés qu'entraînait l'emploi combiné de l'alumine et du fer, déjà signalées plus haut.

Nous avons étudié jusqu'ici les verres anciens uniquement au point de vue des éléments qui forment la base de leur composition chimique, en faisant abstraction des oxydes métalliques qui leur donnent les teintes variées que nécessitait le dessin du vitrail; les verres dans lesquels cette incorporation n'a pas été faite sont les verres non teintés, qui, comme nous l'avons montré, sont toujours colorés, et quelquefois d'une façon assez intense.

Les verres colorés étaient, comme ceux fabriqués de nos jours, formés de la même pâte vitreuse dans laquelle étaient ajoutés les oxydes métalliques, soit préparés, soit à l'état naturel ou à l'état de minerais.

Avant de parler des colorations, nous croyons devoir dire quelques mots des oxydes employés pour les produire.

OXYDES COLORANTS.

Tous les oxydes métalliques purs ou à l'état de combinaison sont propres à être utilisés directement pour la coloration des verres, par simple mélange avec les éléments incolores qui en forment la base.

Les oxydes métalliques qui ont été employés dans les verres anciens sont :

Les oxydes du fer,
Les oxydes du cuivre,
Le bioxyde de manganèse,
L'oxyde de cobalt.

Ces oxydes étaient rarement purs; l'oxyde de cobalt, en particulier, contenait souvent, surtout au XVIe siècle, des quantités notables de nickel et de fer dont la coloration venait s'ajouter à celle du cobalt et en diminuer la pureté et l'éclat.

L'oxyde de cobalt était employé soit à l'état de minerai, soit à l'état de safres, silicates de potasse et de cobalt produits artificiellement; on employait les autres oxydes à l'état naturel, tels qu'on les rencontre actuellement.

Les oxydes d'or, d'argent, d'urane, de chrome n'étaient pas utilisés.

Il en est de même du soufre et du charbon, dont la propriété de donner une coloration jaune brillante semble ne pas avoir été utilisée.

L'oxyde d'antimoine, qui donne une coloration jaune avec l'oxyde de plomb, a été employé pour quelques émaux.

Les oxydes de plomb et d'étain, qu'on désignait sous le nom de *chaux de plomb* et de *chaux d'étain*, étaient également employés, non comme corps colorants, mais comme corps constituants : l'oxyde de plomb servait, avec les oxydes de cuivre et de fer, à faire les couleurs de grisaille. Quant au bioxyde d'étain, il n'a été employé que rarement et uniquement pour les rouges à partir du XIVe siècle; encore ne le rencontre-t-on que dans un petit nombre d'entre eux.

On s'est servi couramment de ces deux oxydes, au XVIe siècle, pour faire les émaux en relief destinés à la décoration des *vitraux suisses* dont nous avons eu occasion de parler.

L'oxyde de fer introduit isolément dans les verres donnait ces verres verdâtres si fins et si remarquables par leur douceur; aux XIIe et XIIIe siècles, ils étaient généralement d'un ton nacré très bien choisi pour faire valoir les tons plus soutenus à côté desquels ils étaient placés.

Dans ces verres, le fer seul introduit par les sables suffisait pour donner cette coloration.

Au XVIe siècle, les verdâtres, très différents, se distinguent nettement; ils sont, en effet, généralement plus soutenus et en même temps plus sourds; ils tournent souvent au jaunâtre, ce qui n'existait jamais au XIIe et au XIIIe siècle.

Cette coloration provenait de la façon dont le frittage des matières avait été conduit et de l'état d'oxydation qui en résultait pour le fer.

Les verdâtres du XVIe siècle sont, avec les éléments dont on dispose actuellement, d'une reproduction très délicate et non sans difficulté.

Nous passerons maintenant en revue les verres colorés proprement dits, comprenant tous les verres dans lesquels la coloration est le résultat obligé de l'introduction d'un ou de plusieurs oxydes colorants.

Eu égard à l'importance qu'avaient les verres bleus dans les vitraux anciens dès les premières époques où ce genre de décoration a été adopté, c'est par eux que nous commencerons cette étude.

VERRES BLEUS.

La teinte bleue donnée au verre par l'oxyde de cobalt est la teinte la plus facile à obtenir d'une façon régulière; elle est très photogénique et propre à éclairer de grands vaisseaux, tels que des églises. C'était donc très justement qu'on l'avait choisie comme couleur fondamentale pour la décoration des monuments religieux.

Les vitraux du XIIe et du XIIIe siècle étaient composés en majeure partie de verres bleus mélangés dans les fonds avec des verres rouges; ces verres étaient employés en mosaïque, c'est-à-dire en petits fragments découpés formant des dessins et ajustés les uns à côté des autres. Ces mosaïques entouraient les médaillons, à fond généralement bleu également, dans lesquels étaient représentés les épisodes légendaires de la vie du saint auquel était consacré le vitrail; quelquefois, elles entouraient le personnage même, exécuté alors dans des dimensions beaucoup plus considérables, comme dans les vitraux des fenêtres hautes du chœur et de la nef.

Ces colorations bleue et rouge employées de concert étaient du plus heureux effet. Tout en assombrissant l'intérieur de l'édifice, ce qui ne présentait que peu d'inconvénient, puisque les fidèles ne savaient pas lire, les vitraux ainsi composés l'éclairaient d'une façon calme et mystérieuse, faite pour porter au recueillement.

On a traduit par une expression imagée l'impression exacte que produisaient ces vitraux en disant qu'ils étaient *silencieux*.

Cette harmonie de couleurs faisait que, par une illusion d'optique dont on s'était rendu bien compte, l'édifice paraissait de proportions plus grandes qu'il ne l'était en réalité.

Les bleus des diverses époques diffèrent notablement les uns des autres.

Les bleus du XIIe siècle, quoique ressemblant aux bleus du XIIIe, leur sont supérieurs; ils sont franchement bleus, même à la lumière artificielle, et en même temps très brillants; les oxydes employés pour leur coloration étaient évidemment dépourvus des oxydes colorants qui en auraient terni l'éclat, comme l'aurait fait le nickel.

Dans quelque lieu qu'on les rencontre, à Poitiers, à Châlons-sur-Marne, au Mans ou à Angers, ces bleus se ressemblent et ne diffèrent que par quelques variations dans leur intensité.

Les bleus du XIIIe siècle sont plus variés de teinte; de plus, pour combattre la teinte violacée donnée par le cobalt seul, reconnue lourde et de mauvais effet, on y ajoutait, en faible proportion, de l'oxyde de cuivre obtenu en calcinant au rouge sombre du cuivre métallique divisé en lames minces.

Cet oxyde, qui est le bioxyde du commerce, donne un ton vert bleu très brillant s'il est employé seul, ce qui n'a jamais été fait dans les vitraux anciens. Aux époques suivantes, les verres bleus changent de teinte et de destination, les vitraux n'ont plus le même caractère, ils se rapprochent, par leur dessin, des tableaux peints à l'huile; les bleus sont alors utilisés surtout pour faire les ciels, qui prennent à cette époque une grande importance. On les utilise aussi en petite quantité, et dans une gamme plus foncée, pour les costumes des personnages, ce qui ne se faisait qu'exceptionnellement aux XIIe et XIIIe siècles.

Au XIVe siècle, on trouve encore de très beaux bleus, mais ils ont une tendance à s'assombrir et se rapprochent de ceux du XVIe, généralement ternes et sourds, quelle qu'en soit l'intensité.

Plusieurs auteurs, peu au courant des conditions de la fabrication du verre, voulant expliquer les qualités si particulières et si remarquables des bleus du XIIe et du XIIIe siècle, ont cru pouvoir le faire en se basant sur les quelques indications données dans les documents anciens; ils ont émis cette opinion que ces bleus avaient été obtenus par l'addition, dans le verre, de pierres naturelles connues sous le nom de *saphirs;* Théophile, dans le Livre II, Chapitre XII, dit en effet que *les pierres bleues des mosaïques grecques se fondaient avec le verre blanc, de manière à former des feuilles de verre bleu pour les fenêtres,* et, au Chapitre XIII, il ajoute que *les Grecs faisaient avec ces mêmes pierres des coupes à boire qu'ils ornaient avec de l'or.*

De son côté, l'abbé Suger, qui, au XIIe siècle, fut chargé par Louis le Gros de diriger les embellissements faits à l'abbaye de Saint-Denis, nous apprend que *les ouvriers broyaient des saphirs en grande quantité et qu'ils les faisaient cuire avec le verre pour lui donner la couleur d'azur.*

Ces allégations nous semblent pouvoir être réfutées facilement et pour de nombreuses raisons : les pierres fines appelées *saphirs* employées en joaillerie sont des *corindons* extrêmement rares qui n'auraient pu, par suite, être utilisés comme colorants, leur prix élevé et la faible quantité d'oxyde de cobalt qu'ils contiennent en rendant l'emploi impossible.

Les pierres naturelles qu'on désigne sous le nom de *saphirs des Grecs* ne sont autres que le *lapis-lazuli* ordinaire, appelé aussi *saphir de Théophraste* quand il est tacheté de paillettes jaunes brillantes; l'abondance de ces pierres dans la nature est assez grande, mais, quand on considère leur composition chimique, on voit que leur emploi comme colorant est également inadmissible; on sait, en effet, que tous les lapis-lazuli sont des outremers, dépourvus par suite de l'élément essentiel nécessaire pour produire la coloration bleue due à l'oxyde de cobalt; le lapis-lazuli de Hongrie est un silicate d'alumine, de soude et de chaux coloré probablement par une petite quantité de sulfure de sodium. Il en est de même du lapis de Perse qui est d'une composition analogue, ainsi que de la *sodalithe,* autre minéral coloré en bleu et quelquefois en vert.

Les minéraux désignés par les minéralogistes allemands sous le nom de *lazulites* sont des phosphates d'alumine.

La coloration bleue de tous ces corps est produite par des corps autres que l'oxyde de cobalt; dans aucun d'eux on n'en peut trouver en effet la moindre trace.

Les arséniures et les sulfo-arséniures de cobalt, qui sont les minerais d'où on l'extrait, n'ont aucunement la couleur bleue qui pourrait permettre de les confondre avec les saphirs; ils ont, au contraire, un aspect gris métallique et sont, de plus, très attaquables à l'air.

La seule explication qui puisse en être donnée et qui permettrait de mettre ces assertions d'accord avec les faits, serait que, à l'époque où avaient écrit le moine Théophile et l'abbé Suger, on aurait trouvé des débris de verres bleus provenant de mosaïques anciennes en quantités suffisamment importantes pour qu'on pût les utiliser en les refondant dans le verre.

Il est bien plus rationnel de penser que l'oxyde de cobalt était employé directement, mais que les artistes verriers, jaloux de conserver leurs secrets de fabrication, étaient peu soucieux de les divulguer et de redresser des erreurs qui ne pouvaient que donner du prix à leurs œuvres.

L'importance donnée au verre bleu diminua au fur et à mesure des modifications apportées dans la fabrication; au XVIe siècle, il est cependant encore très employé pour certains tons, mais le plus souvent en doublage pour obtenir, avec des verres verdâtres, des ciels nuancés; avec des pourpres, des violets-évêque très employés pour les vêtements, et avec des jaunes, des verts, utilisés pour les vêtements et les terrains.

VERRES ROUGES.

Après les verres bleus, les verres rouges sont ceux qui étaient employés en plus grande quantité; ils se prêtent, en effet, merveilleusement, par la puissance et la richesse de leur coloration, à la décoration produite au moyen de vitraux transparents. Au XIIe siècle même, la superficie qu'ils occupaient était aussi considérable que celle des verres bleus.

Comme nous l'avons dit, ils servaient avec ces derniers à former les fonds en mosaïque.

Au XIIIe siècle, on les employa en moins grande quantité, particulièrement dans les régions de l'Est. De ce chef, l'harmonie générale de ces vitraux en fut modifiée et devint très différente de celle des régions de l'Ouest et du Centre.

A partir du XIVe siècle, non seulement on employa moins de verres rouges, mais on en changea la destination en ne s'en servant presque uniquement que pour les vêtements.

Il en est ainsi jusqu'au XVIIe siècle; à dater de cette époque, il n'en est plus fait emploi et l'on paraît même avoir perdu le secret des procédés permettant de les obtenir, car, au XVIIIe siècle, Levieil déclare être incapable d'en trouver un morceau en Europe.

C'est cent ans plus tard qu'on arrivait à retrouver les moyens de produire cette teinte de verre, et encore ceux qu'on obtint à cette époque ne ressemblaient-ils que de loin aux superbes rouges faits antérieurement.

Le cuivre forme, comme on le sait, avec l'oxygène, deux combinaisons :

Le bioxyde de cuivre, CuO, qui, introduit dans le verre, donne une teinte vert bleu fixe assez régulière;

Et le protoxyde de cuivre, Cu^2O, qui donne une teinte brun jaune neutre extrêmement intense.

Cette dernière coloration peut être obtenue soit en introduisant le protoxyde de cuivre dans un fondant neutre ou très légèrement réducteur, incapable de le suroxyder, soit en désoxydant le bioxyde de cuivre par l'introduction dans la masse fondue d'un corps avide d'oxygène et faisant office de réducteur.

Plusieurs corps peuvent être employés pour produire cette réduction : le soufre, le charbon, le fer métallique, les oxydes de fer au minimum, les sels d'étain, etc., etc.

Si la proportion du corps réducteur est plus considérable que celle qu'il aurait été nécessaire d'employer pour amener le bioxyde de cuivre à l'état de protoxyde, une partie du cuivre se précipite à l'état métallique très divisé en donnant une teinte rouge très puissante dont le développement est complet quand tout le cuivre est passé à l'état métallique.

Cette précipitation n'est obtenue qu'autant que le verre a été refroidi lentement, et la couleur rouge n'atteint son entier développement que lorsque le réducteur a été mis en quantité juste suffisante; s'il est en excès, la teinte rouge tourne au bleu par transparence et au rouge-brique par réflexion; cet effet est très probablement dû au volume des particules métalliques de cuivre qui, dans ce dernier cas, sont plus volumineuses et réfractent la lumière d'une façon différente.

Les conditions nécessaires pour obtenir l'*aventurine* artificielle confirmeraient cette dernière opinion; on sait, en effet, que les cristaux brillants qui en font la beauté ne se développent que par un refroidissement très lent et que le verre qui y a donné naissance n'aurait donné, s'il avait été refroidi brusquement, qu'une teinte rouge-brique opaque, bleu sale par réfraction.

Cette teinte bleue n'est pas du reste particulière au cuivre, elle est également produite par l'or quand il est tenu en suspension dans la pâte de verre.

D'après les travaux de M. Dupasquier, cette coloration

serait due à un phénomène de réfraction, ce même phénomène de coloration pouvant être produit par la présence de corps solides incolores en suspension, à un état de ténuité suffisant, dans un liquide incolore lui-même.

Le corps réducteur employé de préférence par les verriers des XIIe et XIIIe siècles était le fer, soit à l'état métallique, soit à l'état de battitures de fer, de composition analogue à l'oxyde de fer magnétique, Fe^3O^4.

L'intensité de la couleur rouge était très grande et, pour la diminuer, on rendait l'épaisseur moindre en la *plaquant* sur un verre de même nature.

Les verres rouges de toutes les époques *sont plaqués,* et ce n'est que par exception qu'on en a trouvé quelques échantillons du XIIIe siècle qui sont teints dans toute leur épaisseur. Ils étaient fabriqués dans des conditions très différentes : tandis que les rouges du XIIe siècle sont plaqués en couche mince, de teinte uniforme et très puissants de ton, les rouges du XIIIe siècle sont encore plaqués sur du verre incolore, mais sous une épaisseur beaucoup plus considérable, et souvent égale à celle du verre incolore. De plus, ils manquent d'homogénéité, et sont formés d'une série de lamelles rouges superposées les unes aux autres dans du verre incolore, sans se toucher, chacune de ces lamelles n'ayant pas plus de $\frac{1}{20}$ de millimètre d'épaisseur.

Leur répartition étant très inégale, la teinte rouge qu'ils donnent est très variable d'intensité, et le verre est coupé de veines fines plus ou moins serrées produisant à distance un chatoiement donnant beaucoup d'éclat.

Les verres rouges teintés dans ces conditions présentent une supériorité incontestable sur les verres rouges plaqués minces comme le sont les verres modernes ; cette supériorité provient de l'épaisseur même de la couche rouge qui permet à la lumière de se réfracter d'une façon différente en traversant une série de milieux d'intensité colorante variée.

Quelle que soit leur intensité, les verres rouges du XIIIe siècle sont toujours franchement rouges, étant vus à distance; il n'en est pas de même pour beaucoup de rouges modernes qui, dans les mêmes conditions, paraissent tourner ou au jaune ou au bleu.

La fabrication des rouges au XIIIe siècle dans ces conditions était évidemment adoptée de préférence à celle par placage mince, plus facile cependant à réussir avec certitude.

Il est probable que la fabrication des verres rouges du XIIIe siècle était d'une réussite assez incertaine, et que leur coloration ne se développait souvent qu'après la recuisson du manchon ou du plateau; les rouges de cette époque sont, en effet, très variés d'intensité. Dans un même vitrail, à côté de morceaux à peine teintés de quelques veines rouges très faibles, on en trouve d'autres d'un rouge intense, mais l'habileté avec laquelle on a su utiliser ces verres, tels qu'ils étaient, fait que l'ensemble est toujours du plus merveilleux effet....

On trouve souvent des morceaux de verre légèrement teintés qui ne sont évidemment que des verres rouges manqués dont la teinte ne s'est pas développée suffisamment ou ne s'est pas développée du tout.

Cette propriété des verres plaqués a été utilisée avec succès pour des vitraux de serres et de galeries éclairées à la lumière artificielle, toujours de faible intensité si on la compare à la lumière solaire; l'effet opposé se produit et, dans ces conditions, il est bien supérieur à celui des verres teintés dans la masse comme éclat et comme vivacité (1).

(1) Il nous a été possible d'apprécier par expérience la différence d'effet que produit la lumière en traversant un verre coloré de faible épaisseur, comme cela se présente dans un verre plaqué ordinaire, comparé à l'effet produit en traversant un verre de même couleur et de même intensité, mais coloré dans sa masse, c'est-à-dire sous une épaisseur vingt fois supérieure; le premier produit un effet criard et *heurté* désagréable, le second donne une coloration solide en même temps que tranquille et adoucie.

Les verres rouges du XIIe et du XIIIe siècle sont de même composition que le verdâtre qui leur est accolé ; ils contiennent toujours du fer et des proportions d'oxyde de cuivre pouvant varier de $\frac{1}{100}$ à $\frac{1}{1000}$.

Ces différences très notables dans la proportion d'oxyde de cuivre peuvent s'expliquer par la facilité avec laquelle la suroxydation du cuivre se produit et par la nécessité où l'on se trouvait de réajouter une proportion d'oxyde pour obtenir la coloration cherchée.

MM. Ch. Guignet et L. Magne ont cherché à se rendre compte de la façon dont les verres rouges veinés du XIIIe siècle avaient été fabriqués ; ils ont cru pouvoir indiquer le procédé qui, suivant eux, aurait été suivi.

Ils se sont basés sur l'examen microscopique d'échantillons de plusieurs verres rouges veinés du XIIe et du XIIIe siècle et sur les essais entrepris longtemps avant eux par M. Henrivaux, essais qui avaient permis à ce dernier d'obtenir des verres marbrés de veines rouge pourpre, disposées dans l'intérieur de la masse vitreuse d'une façon qui paraissait se rapprocher de celle des verres anciens pris pour modèles.

Mis en pratique, ce procédé, après de nombreux essais, n'a pas donné le résultat désiré ([1]).

Ce mode de fabrication par placage épais coupé de veines fines fut suivi encore au XIVe siècle et un peu au XVe, mais au XVIe il est complètement abandonné et l'on ne fait que des rouges plaqués minces d'épaisseur dont l'éclat est généralement moins grand et de teinte assez souvent terne ou vineuse.

La composition chimique n'est plus la même, ils contiennent de l'oxyde de plomb quelquefois et souvent de l'oxyde d'étain ; en ce qui concerne ce dernier oxyde, on avait reconnu que son addition dans le verre favorisait le déve-

([1]) L'étude de MM. Guignet et Magne a fait l'objet d'une communication à l'Académie des Sciences, dans la séance du 9 septembre 1889.

loppement de la coloration rouge donnée par le protoxyde de cuivre en lui donnant de la fixité.

On fit à cette époque et plus tard de très beaux rouges colorés par le cuivre en pièces façonnées imitant le grenat et le rubis. L'éclat en était tellement grand qu'on caractérisait leur magnifique coloration par l'expression de *sol sine veste*.

Il existe au Musée de Dresde quelques spécimens de vases rouges qu'avait faits Kunckel, suivant des recettes dont il a donné les formules dans son Traité de *l'Art de la Verrerie;* il en a été fait mention précédemment.

Quelques chimistes et amateurs ont émis des doutes sur la façon dont la coloration de certaines de ces pièces avait été obtenue, se demandant si ce n'était pas à l'or plutôt qu'au cuivre qu'elle était due.

L'or, en effet, introduit dans des verres de compositions convenablement choisies, est susceptible de donner, même en très faible proportion, une coloration rouge intense, très brillante, qui ne se distingue de celle donnée par le cuivre qu'en ce qu'elle a plus de transparence que cette dernière et que, dans les parties minces, elle donne une teinte rubis caractéristique, celle donnée par le cuivre étant toujours d'un rouge plus jaune dans les mêmes conditions.

Au cours des événements amenés par la Révolution française, des doutes analogues s'étaient élevés au sujet des verres rouges dont étaient si abondamment fournis les vitraux de la plupart des églises, et il avait suffi que le bruit se répandît que ces verres contenaient de l'or pour qu'on en décidât la destruction dans le but d'en extraire celui qui y était soi-disant contenu; le seul résultat qu'entraîna cette opinion erronée, dont prit prétexte le vandalisme révolutionnaire, fut la destruction et la perte irrémédiable d'une multitude d'œuvres d'art d'une valeur incomparable.

A aucune époque l'or n'a été employé, comme nous l'avons dit, pour colorer les verres des vitraux anciens.

En dehors des qualités que possèdent les verres rouges au point de vue de leur couleur, ils doivent pouvoir conserver la teinte sous laquelle on les emploie quand on les soumet, dans un moufle fermé, à l'action d'une température suffisante pour cuire les grisailles.

Essayés à ce point de vue, les verres rouges anciens se comportent d'une façon très différente les uns des autres; certains ne subissent aucun changement, tandis que d'autres deviennent complètement opaques par suite de l'augmentation d'intensité de leur coloration.

L'éventualité de ces modifications dans la coloration n'existait pas autrefois, car le procédé pour cuire les peintures était sensiblement différent aux XIIe, XIIIe et XVIe siècles de celui employé actuellement; ce dernier procédé, au point de vue de l'économie, doit être préféré; il est susceptible, par contre, de donner des résultats incertains et souvent imprévus :

Dans l'ancien procédé, les pièces de verre peintes et couvertes de grisailles étaient posées sur une plaque de tôle épaisse qu'on introduisait dans un moufle ouvert, chauffé extérieurement sur toute sa surface, et dans lequel on ne les laissait que le temps strictement nécessaire pour en opérer la cuisson.

Les peintres verriers emploient actuellement un moufle fermé dans lequel sont mis les verres peints en les séparant par une couche de plâtre cuit pulvérulent; on élève la température progressivement par un feu de bois réglé de façon à chauffer aussi également que possible les parois du moufle; la température nécessaire étant atteinte, on le ferme complètement ainsi que les orifices du fourneau, puis on laisse le tout refroidir lentement.

Par suite de la lenteur même avec laquelle se produit ce refroidissement et de l'action réductrice de l'atmosphère dans laquelle ils se trouvent, certains tons de verre se modifient: les verres rouges montent généralement de ton, et ne s'éclaircissent que rarement; pour éviter ces changements de coloration qui peuvent rendre le travail du peintre verrier très onéreux, on est obligé de cuire certains de ces verres au moufle ouvert appelé *sabot,* comme le faisaient les anciens.

Au XVIe siècle, on perfectionna la fabrication du verre rouge en le plaquant sur des verres de couleurs variées, telles que du jaune et du bleu, et utilisant la différence de coloration des deux couches pour faire des enlevés par la gravure, à la roue ou au burin.

VERRES VERTS.

A aucune époque les verres verts n'ont été employés dans les vitraux en quantité un peu notable; ils ne servaient aux XIIe et XIIIe siècles que pour figurer les vêtements et n'étaient utilisés que rarement dans les fonds, sauf dans l'Est.

Au XVIe siècle, on les employa en plus grande quantité pour figurer les terrains.

Pour obtenir la teinte verte, on ajoutait à la composition du verre ordinaire du bioxyde de cuivre, que l'on désignait sous le nom d'*oes-ustum,* et du sesquioxyde de fer à l'état naturel, connu sous les noms de *ferret d'Espagne, sanguine, fer ologiste,* ou bien à l'état de colcothar, oxyde de fer produit artificiellement, désigné sous le nom de *crocus Martis* ou de *safran de Mars.*

Suivant Kunckel, le colcothar était préparé, au XVIe siècle, de plusieurs manières différentes, soit par la combinaison à la chaleur de la limaille de fer et du soufre, soit par la décomposition du sulfate ou de l'acétate de protoxyde de fer, produits eux-mêmes par l'attaque du fer en limaille.

Pour obtenir des tons plus prononcés et plus soutenus, on y ajoutait du bioxyde de manganèse appelé *magnésie,* qui, avec le fer, donne une teinte jaune. Aux XIIe et XIVe siècles, on y ajoutait de plus de l'oxyde de cobalt destiné à renforcer la teinte des verres verts qui devaient être placés à côté de rouges intenses.

La multiplicité des éléments employés pour produire cette teinte de verre devait amener une grande diversité dans les colorations; on trouve, en effet, des verres de teinte jaune-bouteille et des verres de teinte bleu vert le plus foncé, entre lesquelles se rencontre une gamme innombrable de nuances se rapprochant de l'une ou de l'autre. Pour en donner un exemple, on compte, dans les vitraux de Conches, dix-sept nuances différentes de vert.

Les verres verts des diverses époques ont beaucoup d'analogie; toutefois, ceux du XIIe siècle sont plus jaunes qu'à aucune autre époque; ils sont généralement peu intenses et moins beaux que ceux du XVIe siècle.

Les verts foncés sont les plus bleus à toutes les époques.

Les verres verts anciens sont doux de ton et, quoique puissants, ne sont jamais *criards*. Ils sont, à cet égard, bien supérieurs aux verts modernes, qui sont colorés généralement au moyen du chrome dont l'emploi paraît n'avoir pas été connu jusqu'au commencement du XVIIIe siècle.

Nous nous sommes rendu compte, à ce point de vue, de la façon dont ces verres avaient été colorés et nous avons choisi, à cet effet, une série d'échantillons pris à toutes les époques et dans tous les points de la France, dont nous citerons les principaux :

1° Un vert du XIIe siècle de la Cathédrale de Poitiers;

2° Deux verts du XIIIe siècle, l'un de la Cathédrale de Bourges, l'autre de Châlons-sur-Marne;

3° Un vert du XVIe de l'église de Conches (Eure), daté de 1520;

4° Deux verts du XVIe, de Châlons-sur-Marne, de 1509.

Aucun d'eux ne contient trace de chrome, et l'on n'y trouve à l'analyse que les éléments que nous avions cités précédemment : cuivre, fer, manganèse et cobalt.

Il n'y a rien de surprenant à ce que le chrome n'ait pas été employé à ces diverses époques, car, selon toute apparence, ses minerais mêmes n'étaient pas utilisés ni probablement connus; ils sont rares en France, et le chrome lui-même n'a été isolé, comme on le sait, par Vauquelin qu'en 1797.

Nous rappellerons que le chrome forme avec l'oxygène deux combinaisons principales qui, incorporées au verre en quantité relativement faible, sont susceptibles de lui communiquer une couleur vert jaune très brillante quand il est employé seul.

Ces deux combinaisons sont le sesquioxyde de chrome, $Cr^2 O^3$, et l'acide chromique, $Cr O^3$.

Employé concurremment avec le bioxyde de cuivre, le chrome donne des verts de nuances variées ayant beaucoup d'éclat et absorbant tous les tons qui leur sont juxtaposés.

Quand il est mêlé, au contraire, avec des oxydes tels que les oxydes de fer, de manganèse ou de nickel, il donne des tons neutres, jaunes ou bruns, très intenses, dont on ne trouve nulle trace dans les verres anciens.

Par suite de l'emploi de cet oxyde comme colorant dans les verres modernes et de la pureté des matières premières dont on se sert généralement pour produire la pâte du verre, la reproduction des verres verts a été généralement assez difficile, et l'on pourrait citer un grand nombre de vitraux modernes dont l'harmonie serait presque parfaite si elle n'était troublée par quelques malencontreux morceaux de verre vert colorés par l'oxyde de chrome.

VERRES POURPRES ET VERRES VIOLETS.

La coloration en pourpre ou en violet était donnée dans les verres anciens d'une façon analogue à celle employée encore aujourd'hui, c'est-à-dire par l'introduction dans la pâte vitreuse de bioxyde de manganèse (MnO^2) qu'on trouve en abondance dans la nature.

Par suite de la présence presque constante de l'oxyde de fer dans le verre incolore, la coloration violette qu'il donnait n'était jamais pure et manquait particulièrement de la teinte bleutée qu'il procure quand il est incorporé dans un verre contenant de la potasse.

Il en est toujours ainsi aux XIIe et XIIIe siècles où cet oxyde servait à faire le ton de chair utilisé pour les figures, les pieds et les mains des personnages.

Ces tons de chair, d'intensité variable, sont toujours violacés ou rosés.

L'addition de l'oxyde de cobalt au bioxyde de manganèse était peu pratiquée, et ce n'est que par exception qu'on trouve dans les vêtements quelques violets bleus appelés *violets-évêque,* et obtenus comme par hasard.

Au XVIe siècle, les violets-évêque sont très employés; au contraire, ils sont alors obtenus en doublant les verres pourpres d'une ou de plusieurs couches de verre bleu d'intensité et d'épaisseur variables.

La gamme de ces violets est indéfinie; elle caractériserait à elle seule l'époque à laquelle les vitraux appartenaient par les dégradations allant quelquefois du violet pur au bleu pur qui se rencontrent dans un même morceau de verre, et qu'on ne trouve à aucune autre époque.

Le grand nombre de combinaisons différentes que forme le manganèse avec l'oxygène, et leur instabilité à la température nécessaire pour conserver le verre en fusion, fait que, à quantité égale, les teintes qu'il donne peuvent varier du violet foncé au jaunâtre clair, suivant que la désoxydation a été plus ou moins avancée; pour éviter ce phénomène, toujours à craindre, le bioxyde de manganèse était ajouté après le frittage de la composition vitrifiable. Quelquefois on l'introduisait dans le verre fondu lui-même. Mais cette dernière manière de procéder donnait toujours des tons chair plus jaunes et moins violacés.

Nous avons déjà dit que le bioxyde de manganèse était encore employé, en dehors des violets et des pourpres, mais en petite proportion, dans les bleus et dans les verts pour en augmenter l'intensité, avec l'adjonction d'autres oxydes, et en renforcer les tons.

VERRES JAUNES.

Les verres jaunes que l'on rencontre dans les vitraux anciens sont teintés par deux procédés différents : ou ils sont colorés dans la masse, ou ils sont teintés superficiellement sur une de leurs faces, après leur fabrication, par un procédé dit de *cémentation,* dont il a été déjà question.

En principe, la coloration en jaune peut être donnée au verre soit par l'introduction, dans une composition neutre ou oxydante, d'un mélange à proportions à peu près égales de bioxyde de manganèse et de sesquioxyde de fer, soit dans un verre de composition réductrice, de soufre ou de charbon, donnant lieu à la formation d'un sulfure de sodium jaune.

La coloration donnée par ce dernier procédé est beaucoup plus brillante que la première, et il est très facile de la différencier de celle donnée par le mélange de deux oxydes.

Le procédé de coloration par le manganèse et le fer était le seul employé dans les verres anciens ; la teinte qu'on obtient ainsi varie du verdâtre jaune au jaune doré intense, plus ou moins chaud, suivant les proportions relatives de chacun des oxydes employés.

C'est par erreur que l'on a attribué au soufre ou au charbon la coloration en jaune des verres anciens. Bontemps, dans son Ouvrage sur la Verrerie, a contribué à le faire penser en disant qu'il avait reproduit, par l'emploi du charbon, les jaunes trouvés dans les vitraux anciens.

Nous avons cherché à nous en assurer, et pour cela nous avons dû procéder à l'analyse d'une série d'échantillons de jaunes variés et d'époques différentes. Ces expériences n'ont fait que confirmer notre première opinion.

Les échantillons sur lesquels nous avons opéré sont :

1° Un verre jaune de teinte moyenne, du XIIe siècle, de la Cathédrale de Bourges;

2° Un du XIIe siècle, de Poitiers;

3° Un autre de Poitiers, du XIIIe siècle;

4° Un de Conches, du XVIe siècle;

5° Un de Saint-Étienne de Beauvais, du XVIe siècle.

Tous, sans exception, contiennent du bioxyde de manganèse et du sesquioxyde de fer.

Ils sont tous beaux et harmonieux, et, quelle que soit l'intensité de coloration, ils ne changent pas de ton quand on les soumet dans un moufle à l'action de la chaleur.

Cette qualité, que tous les jaunes faits par ce procédé à l'époque actuelle sont loin de posséder, prouverait que les verres étaient soumis à l'action de flammes oxydantes maintenant l'oxyde de manganèse au maximum d'oxydation.

On trouve au XVIe siècle quelques jaunes doublés de verre blanc et de verre bleu, donnant des tons neutres d'un joli effet.

Aux XVe et XVIe siècles, les jaunes doublaient souvent le verre rouge dont on augmentait ainsi l'éclat.

Le second procédé, dit par cémentation, consiste, comme nous l'avons vu, à appliquer sur une des faces du verre un sel d'argent, soit à l'état de sulfure, soit à l'état de chlorure, après l'avoir divisé par son introduction dans une matière inerte, infusible et indécomposable à la chaleur du moufle, de façon à en faire une pâte humide et molle : on obtient, après cuisson, une teinte jaune superficielle, proportionnelle comme intensité à la quantité d'argent qui y a été appliquée et qu'on peut augmenter en prolongeant la durée de la cuisson et l'élévation de la température.

Les jaunes d'argent des verres anciens sont généralement très beaux et très transparents; ils ne sont pas métallisés, c'est-à-dire qu'ils ne sont pas opalescents par réflexion, par suite d'une réduction trop complète de l'oxyde d'argent.

Jusqu'au XVIe siècle, les jaunes d'argent sont d'une teinte jaune-serin, ne tournant pas à l'orangé; aux XVIIe et XVIIIe siècles, la teinte se modifie et ils deviennent plus rouges; cette différence de coloration provenait de l'introduction dans les verres de chlorures alcalins non décomposés, fournis par les soudes impures du commerce, comme nous avons eu occasion de le dire.

Tous les verres blancs fabriqués pour vitrer les fenêtres des habitations, qui, à cette époque, étaient toujours plus ou moins teintés, possédaient la propriété de se colorer en jaune dans les conditions précitées.

Dans la suite, les perfectionnements apportés à la fabrication du verre à vitres et en particulier ceux ayant pour objet d'en diminuer la coloration par l'emploi de matières premières plus pures, ont fait perdre au verre cette précieuse propriété.

M. Bontemps, le premier, a réussi à fabriquer des verres se teignant à la façon des verres anciens; il est même parvenu à en faire qui prenaient une coloration presque rouge beaucoup plus intense que celle obtenue avant lui.

CONCLUSION.

Nous avons passé en revue aussi complètement qu'il nous a été possible les diverses colorations que l'on rencontre dans les verres des vitraux anciens, ainsi que les corps employés pour les produire, nous n'aurons qu'un mot à ajouter pour faire connaître la façon dont ces corps y étaient incorporés.

Le mélange vitrifiable étant préparé, suivant la nature du corps dont il était fait usage pour fournir la partie alcaline, on en opérait le frittage, puis on y introduisait les oxydes colorants et l'on procédait à la fusion.

Quand on voulait modifier la teinte ou, suivant le terme admis, la *corriger,* on introduisait dans le verre fondu la quantité d'oxyde jugée nécessaire; on trouve la preuve que ce procédé était souvent pratiqué par les nombreux morceaux contenant des veines d'intensité variable, surtout dans les verres de teinte foncée, tels que les bleus, qui attestent que le mélange et la dissolution ne s'en étaient faits que d'une façon incomplète.

Ce dernier moyen, auquel on a renoncé aujourd'hui, permettait au verrier d'obtenir, d'une façon presque certaine, le ton dont il avait besoin.

Ces veines qui forment des dégradations de teintes, quelquefois très accusées, ne nuisaient en rien au vitrail, elles produisaient au contraire un chatoiement favorable à l'effet général.

Le plus souvent, la fabrication des verres était faite par les artistes en même temps que praticiens qui devaient les utiliser; ils en suivaient les phases successives avec le plus grand soin.

Ayant besoin de quantités relativement faibles de verre d'une même teinte, on en produisait peu à la fois; aussi les creusets étaient-ils de faible capacité et ne contenaient guère, d'après les indications données par Théophile, plus de 60^{kg} à 70^{kg} de verre fondu.

On comprend que, dans ces conditions, il était difficile d'obtenir des manchons ou des plateaux de dimensions un peu importantes, et qu'ils devaient contenir de nombreux défauts, tels que bulles, stries, cordes, provenant de l'opération même du cueillage dans un vaisseau de capacité relativement faible; ces creusets, faits en forme de cuvettes ouvertes, étaient introduits dans des fours de petites dimensions, chauffés au bois.

Il existe encore en Normandie et en Bohême des verreries dans lesquelles la fusion du verre s'opère dans des conditions analogues, sauf que les dimensions des creusets et des fours sont plus grandes, excepté en Bohême.

Ces fours devaient pouvoir produire une température élevée, car les verres de ces époques, peu fusibles, comme nous l'avons vu en parlant de leur composition, sont néanmoins bien fondus et d'un affinage suffisant que la petite quantité de matière mise en œuvre dans chaque creuset, bien faite cependant pour en faciliter la fusion, ainsi que la durée prolongée de la fonte n'auraient pas permis seules d'obtenir.

Nous avons terminé cette étude dans laquelle nous avons consigné les observations que nous avons cru pouvoir intéresser les artistes et les techniciens s'occupant de la fabrication du verre et de son emploi au point de vue décoratif; nous avons cherché à faire connaître ces verres, intéressants à tous les points de vue, qui ont joué un rôle prépondérant dans la composition des verrières anciennes, ces œuvres de nos ancêtres, d'un sentiment esthétique si développé auquel nous ne pouvons que difficilement atteindre, et si remarquables par leur exécution matérielle que nous devons chercher à prendre pour modèle et à imiter.

A l'époque actuelle, les améliorations apportées à la fabrication du verre, quelque grandes qu'elles aient été, n'ont que bien faiblement contribué au développement de l'art de la Peinture sur verre ; elles ont été, au contraire, dans bien des cas, l'origine d'œuvres décoratives des plus médiocres.

Pour obtenir des vitraux comparables à ceux des XIIe, XIIIe et XVIe siècles, il faudra recourir aux mêmes moyens que ceux utilisés avant nous et adopter, pour la fabrication des verres en particulier, les mêmes procédés ou des procédés analogues à ceux employés à ces époques déjà si éloignées de nous.

C'est ce qui a été compris du reste, et, depuis quelques années, une fabrication établie spécialement en vue de produire des verres de couleur pour vitraux d'église a donné les meilleurs résultats.

En Angleterre d'abord, en France, en Belgique, en Allemagne, des artistes consciencieux et de grand mérite, s'inspirant des meilleurs modèles qui nous soient restés, ont pu, grâce à l'emploi de ces verres, produire des vitraux comparables aux vitraux anciens.

On peut être étonné que des procédés imaginés et employés depuis huit cents ans et plus puissent et doivent être préférés à ceux que les progrès et les découvertes modernes ont permis d'appliquer; c'est là, à nos yeux, une preuve de la supériorité de ces artistes, qui, s'inpirant des traditions séculaires laissées par leurs devanciers, ont su faire concourir de la façon la plus habile et la plus judicieuse, à l'accomplissement de leurs œuvres, tous les éléments qu'elles mettaient à leur disposition.

Ces artisans modestes nous ont prouvé qu'ils n'étaient pas seulement des artistes de valeur, mais qu'ils étaient en même temps des verriers habiles.

FIN.

TABLE DES MATIÈRES.

5012 B. — Paris, Imp. Gauthier-Villars et fils, 55, quai des Gr.-Augustins.

www.ingramcontent.com/pod-product-compliance
Ingram Content Group UK Ltd.
Pitfield, Milton Keynes, MK11 3LW, UK
UKHW012250240726
13966UKWH00004B/1375